前　言

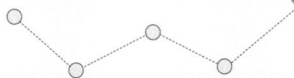

在人工智能飞速发展和非物质文化遗产（以下简称非遗）传承的今天，众多的院校学者和社会人士致力于推动中华优秀传统文化的发展，掀起了中华文化复兴时代的浪潮，但其中仍存在一些问题亟须我们思考。

第一，创新思维。我国正处于科技发展、文化崛起和传统文化发展齐驱并进的时代，艺术学不得不面临局部复制和抄袭的困境。想要创新性地解决问题，唯有深入了解挖掘民族的优秀历史文化，并利用深度学习方法深层次地寻找传统文化元素之间的关联性，突破传统刺绣设计思维和手段的束缚。因此，本书采用新的教学模式对研究者进行联结和辅导。本书采用的是一种传输知识的教学方法而非填鸭式的手段，利用服装工程、艺术设计与计算机学科之间的交叉应用，从而探索智能数字化在纺织服装领域的发展。通过将其他领域知识引入图像设计研究，为刺绣图像的二次创作提供更多可能性，从而提升大众对刺绣作品的认知度，促进非遗的传承。

第二，全局性。本书聚焦于梳理传统刺绣纹样特征、分类及工艺解析，打破传统的刺绣文化内涵研究，让学习者全面把握人工智能与中国刺绣的联系。国内刺绣风格迁移研究的教学仍存在较大的空白，深度学习理论知识晦涩难懂、教材内容参差不齐、刺绣工艺技法大同小异等，都是目前教学中存在的问题。因此，本书致力于在系统完整地探索国内馆藏刺绣作品和互联网刺绣图像的基础上，从模拟具有真实感的刺绣艺术作品出发，利用深度学习方法对刺绣风格进行风格迁移，生成具有真实刺绣艺术风格的图像，以便于应用到现代设计中。

第三，技术与思维并存。本书并不是单一的研究刺绣纹理和工艺的书籍，而是一个在传统刺绣的基础上对不同绣种进行风格、意象、工艺和具体类别进行区分及构建的数据库。它详细概括了我国四大名绣的纹样特征和工艺解析，自动将刺绣图像信息进行智能分类，为后续风格迁移模型的学习和训练提供精准的数据集，为模拟生成不同绣种、针法工艺的风格迁移图像打下良好基础。在规划本书的框架时，考虑到不同学习者的专业水平，本书摒弃繁杂难懂的模型原理，通过浅显易懂的文字和图例链接到不同的绣种和模型，兼具学术性与普适性。让学习者在了解一定的刺绣理论后乐于尝试风格模拟创新，达到寓教于乐的目的，充分地感受人工智能与非遗结合的魅力所在。

编者撰写此书，是希望众多学习者通过本书，能全面了解中国刺绣的分类方法和具体类别，并尽可能地将宝贵的艺术文化与深度学习方法进行链接，从而打破传统的手工制作模式，促进科技与艺术的交叉融合，使更多非遗文化走进生活，满足人民的精神文化追求。

由于时间仓促，且编者水平所限，本书中难免存在一些纰漏之处，对于刺绣的见解也难免有不到之处，欢迎广大学者批评与指正，并衷心希望各位同行不吝赐教。

沙莎

2024年1月

2024年度教育部人文社会科学研究项目（项目编号：24A10495025）

深度学习和粒子系统协同驱动的楚国残缺纺织品修复研究

人工智能与中国传统服饰艺术：

基于深度学习方法下的中国刺绣风格迁移

沙莎 江学为 傅欣 著

中国纺织出版社有限公司

内 容 提 要

　　传统刺绣是中华民族的文化瑰宝，无论是苏州苏绣、四川蜀绣，还是湖南湘绣、广东粤绣，都凸显了古代人民的智慧，给我们留下了经典的艺术财富。本书搜集整理了传统四大名绣的纹样特征和工艺技法，阐述刺绣艺术特征元素间的关联，并根据刺绣的种类、工艺、题材等建立独特的层级编码结构，结合人工智能技术，将刺绣艺术特征元素间的关联关系应用到深度学习迁移模型中，有利于学习者掌握刺绣的艺术特点并区分不同绣种的差异之处。通过对深度学习方法的对比式学习，深入研究刺绣文化的逻辑关联，了解、熟悉和运用相关技术原理，挖掘学习者的观察力、分析能力、思维想象能力和实验搭建能力。

　　本书包含丰富的刺绣图片和详细的模型结构介绍，希望能够为致力于传统非遗文化传承与创新者、纺织服装类专业师生、广大刺绣爱好者、数字化模拟创新实验的教师提供帮助和参考。

图书在版编目（CIP）数据

人工智能与中国传统服饰艺术：基于深度学习方法下的中国刺绣风格迁移 / 沙莎，江学为，傅欣著.
北京：中国纺织出版社有限公司，2024.7. -- ISBN
978-7-5229-1866-2

Ⅰ. TS935. 1-39

中国国家版本馆 CIP 数据核字第 2024SX2774 号

责任编辑：宗　静　　特约编辑：王晓敏
责任校对：寇晨晨　　责任印制：王艳丽

中国纺织出版社有限公司出版发行
地址：北京市朝阳区百子湾东里 A407 号楼　邮政编码：100124
销售电话：010—67004422　传真：010—87155801
http://www.c-textilep.com
中国纺织出版社天猫旗舰店
官方微博 http://weibo.com/2119887771
北京通天印刷有限责任公司印刷　各地新华书店经销
2024 年 7 月第 1 版第 1 次印刷
开本：787×1092　1/16　印张：12
字数：200 千字　定价：98.00 元

绪　论

刺绣是中华民族的文化瑰宝，是中华文明的重要物质载体，对中国传统文化的继承与发扬有着深远影响。刺绣营造出的形式美和工艺美是其他艺术技法不能替代的。刺绣制品以其深厚的文化内涵和柔顺秀美的风貌装点着人们的服饰和生活空间，它营造了温馨、祥和的氛围，陶冶人们的情操，成为人们喜爱的艺术形式。随着工业技术的发展和西方文化的冲击，很多优秀的刺绣艺术正在消失，对传统刺绣的保护和传承迫在眉睫。而将传统艺术应用到现代设计中则是一种有效的保护和传承方式。但现实中，由于刺绣的高成本、厚度和硬度可能导致的不舒适等问题，使得刺绣在现代服装中的应用受到限制。

人工智能（Artificial Intelligence，AI）是研究、开发用于模拟、延伸和扩展人的智能的理论、方法、技术及应用系统的一门新的技术科学。深度学习属于人工智能领域中的一个方向，拥有强大的学习能力和提取特征能力，它的出现使得机器学习更加接近人工智能的目标。深度学习在图像、大数据特征提取等领域得到了广泛研究与应用，实现了风格迁移、图像处理与分割、目标识别、图像修复等功能。在图像风格迁移过程中，可以得到与原图近似的风格效果，因此被广泛应用于图像模拟中。针对刺绣的风格迁移研究已经存在，但还普遍存在着刺绣内容轮廓模糊、纹理随机迁移等问题，导致形成的模拟效果仍只是在色彩方面的迁移，与实际所需要的刺绣艺术风格迁移效果差异较大。导致这种现象的主要原因是研究者缺乏对刺绣绣种、针法、工艺、艺术特征间关联关系的深入研究。为获得具有真实模拟效果的刺绣艺术风格迁移作品，本文主要研究以下内容。

一、刺绣的艺术特征分析与关联揭示

梳理出刺绣绣种、针法特征、绣法特征、图案特征、刺绣的特色针法工艺、艺术风格等艺术特征元素。在系统分类的基础上，进行体系构建与图像的语义标注，进而全面揭示刺绣艺术特征元素间的关联关系。同时，为便于艺术风格迁移的精确学习，对纺织品文物图像进行语义描述，并建立刺绣图像分类数据库，使机器可理解。

二、将刺绣艺术特征元素间的关联关系应用到深度学习迁移模型中

利用深度学习模型中的生成模型进行图像生成，通过判别模型对生成的图像判别是否符合修复要求，判别为真则输出，判别为假则返回重新生成。根据关联关系，设计刺绣图像迁移模型的生成器和判别器，将图像数据集中的图像数据按纹样分类体系进行分类，分类后的相似图像组成一个数据集，将部分数据作为训练数据进行输入，训练生成对抗网络模型，学习刺绣图像的纹样结构和特征。经过训练集的多次训练，两种模型反复博弈逐渐生成精准的刺绣艺术风格迁移图像。

三、刺绣图像分类数据库的建立

采用人工智能中的深度学习算法对刺绣图像进行智能分类和识别。在搭建数据库时，根据刺绣的种类、工艺、题材等建立独特的层级编码结构。由于所搭建数据库系统可自动识别刺绣图像的工艺信息和内容信息，用户可通过文字输入快速提取刺绣图案内容，提高检索效率。数据库自动将刺绣图像信息进行智能分类，为后续风格迁移模型的学习和训练模型提供精准的数据集，为模拟生成不同绣种、针法工艺的风格迁移图像打下良好基础。

研究框架如下：

本书从第二章对刺绣图像进行分类，设置刺绣数据库的分类标准、编码标准，对刺绣绣品的种类、工艺等按照题材进行层级编码，构建刺绣图像数据库与内容识别检索系统。从不同的群体需求出发对数据库进行需求分析，对数据库进行结构、功能设计；依据本文设计的数据集编码特点选择YOLOv4检测算法和ResNet50对图像进行分类，精准地识别出刺绣图像的不同类别。为后续模型生成刺绣风格迁移精准学习打下基础，也为刺绣的设计和研究提供便利。内容识别检索系统通过对不同种类的元素，如花卉植

物、动物、景物、器物的针法学习和生成提供精准的文字检索和图像输入检索。

第三章、第四章分析并总结传统刺绣的艺术特征和针法工艺特征。其中，第三章围绕中国"四大名绣"的针法特征、绣法特征和题材特征进行详细地阐述，充分分析了苏绣、蜀绣、湘绣和粤绣独特的风格特征，并与第二章层级编码对应，占位3个字符。第四章从传统刺绣的工艺特征出发，通过分析相同的花鸟虫鱼的不同绣种具有的不同针法工艺，分析刺绣的艺术特征与关联关系。以上为刺绣风格迁移提供了可靠的理论支撑和纹样参照，并且在刺绣风格迁移实践中，用户可以根据不同的艺术风格和针法工艺，选择性地生成刺绣迁移后的效果。

针对选择性刺绣的数字化模拟问题，第五章提出了基于改进的卷积式神经网络和生成式网络的风格迁移方法，结合第二章构建刺绣图像数据库与内容识别检索系统生成了风格迁移系统。一方面阐述了不同类型刺绣特征提取的方法，介绍了传统图像特征提取、深度学习图像特征提取和传统图像风格迁移研究；另一方面介绍了基于改进的卷积式神经网络和生成式网络迁移方法的结构与原理，探究了适合不同针法绣种图案迁移的算法，最后在纹理合成过程中根据不同的内容图像放置对应针法的特征生成了最终的刺绣风格迁移图像。

本文从模拟具有真实感的刺绣艺术作品出发，利用深度学习方法对刺绣风格进行数字化模拟，生成具有真实刺绣艺术风格的图像，便于应用到现代设计中。在减少人工制作时间，提高生成效率，满足人们对刺绣艺术的个性化需求的同时，进一步起到弘扬民族文化，为中华民族保存完整丰富的刺绣瑰宝的作用。同时，智能模拟生成刺绣作品有利于刺绣技艺发展，刺绣技工在反复观看、临摹计算机模拟生成的针法后，也可生成类似刺绣艺术风格的元素和图像，并应用到服装设计中，为服装设计与创新提供新的参考和灵感。让传统刺绣艺术"活"起来，在满足当代人对精美服饰追求的同时，又达到推动刺绣艺术发展和文化传承的目的。

获得教育部人文社会科学项目"深度学习和粒子系统协同驱动的楚国残缺
纺织品修复研究（24A10495025）"资助

同时感谢下列基金和组织的大力资助

2022年度湖北省高等学校哲学社会科学研究重大项目"基于人工智能的
先秦楚地破损纺织品虚拟复原研究（22ZD083）"

武汉纺织大学专项基金项目

武汉纺织服装数字化工程技术研究中心

目 录

第一章

人工智能与刺绣艺术的结合

第一节
中国刺绣艺术的特点

中国传统四大名绣为苏绣、蜀绣、湘绣和粤绣。以苏州为中心的江苏地区的绣品被称为苏绣，"平、齐、细、密、匀、顺、光、和"是它的绝佳写照[1]；以成都为代表的蜀绣具有用针整齐、平齐光亮的特点；以湖南长沙为中心的湘绣具有形象生动逼真、风格豪迈的特点；以广州为代表的粤绣具有色彩绚丽夺目、构图繁密热闹的特点，除了远近闻名的四大名绣外，黄河流域的西北刺绣线条明快、大气粗犷，题材多为花卉图案、动物图案、几何图案等[2]；长江流域的江南刺绣针线轻重柔美，层次细腻，题材多为花鸟、山水等，含蓄优美，文雅和谐；东北地区的刺绣受到满汉交融的影响，刺绣题材丰富，风格繁多[3]。

用于刺绣的图案风格一般分两类，一类是写实风格，主要从形、色等方面展现人物、肖像、风景、花鸟、动物等形象，对原型不作较大变化；另一类是装饰风格，它以生活中的原型为依据，经过变形与重新组合，以适应绣制品的工艺特点或达到某种风格要求。

在配色方面，传统刺绣的纹样色彩通常与社会因素和个人因素有关，例如，历史文化、地理环境、民族因素以及写实风格的色彩搭配等。除此之外，刺绣是理想生活的物化呈现，离不开刺绣者设计绘画和装饰色彩的能力。传统刺绣的绣线采用彩色桑蚕丝较多，丝线成组，每组都为同色系，色彩由深到浅，甚至一幅刺绣作品会用到成百上千种颜色，因此形成了精致细腻、清新雅致、色彩丰富的艺术风格。

在针法方面，多种针法及其组合形成丰富多彩的肌理效果，给人以美感和情趣。富于变化的针法，归纳起来有点、线、面三大类，它和绘画的点、线、面三元素是一致的。点是基本元素，点运动成线，线运动成面。刺绣针法的设计配置，同样遵循这个法则。只是刺绣的点、线、面因各自的大小、长短、粗细、厚薄、曲折等不同，从而派生出许多针法来。不同的点、线、面及其组合，表现出各种视觉形态，如光滑、粗糙、坚挺、松软、闪烁、模糊、杂乱、节奏、厚重、轻薄等。它形成的视觉效应，称为肌理。白绣，是我国常用的绣法。即在白色的布上，用白色绣线绣，纯白色可以体现纯洁美，但图案不能依附色彩关系烘托出来。因此要在针法上做功夫，一般常用包梗扣锁、加垫绣使花和叶的形象凸起突出，花蕊用打子绣。花和叶周围空敞处用抽丝和雕空法，从而形成凹下去的灰面，衬托出了花和叶。虚与实、凹与凸、白与灰的对比都由针法组合构成。刺绣营造出的形式美和工艺美是其他艺术技法不能替代的。

刺绣制品以其深厚的文化内涵和柔顺秀美的风貌装点着人们的生活空间和人类自身。它营造了温馨、祥和的氛围，陶冶了人们的情操，成为人们喜爱的艺术形式。

第二节
人工智能在刺绣研究中应用的优势

人工智能技术（简称AI）[4]主要包括机器学习和深度学习，它是研究、开发用于模拟、延伸和扩展人工智能理论、方法、技术及应用系统的一门技术科学，促进了人类与计算机网络的紧密相连，为生活、学习及金融行业带来巨大的便利。[5]人工智能在生产生活学习中的广泛应用，不仅为众多行业带来巨大的经济财富，还最大程度上解放人类的双手，从而使人们有更多的时间和精力去解决阻碍社会发展的难题。机器学习利用算法解析数据、不断学习，从而做出最优的决策和预测。深度学习[6]属于机器学习领域中新方向，拥有强大的学习能力和提取特征能力，它的出现使得机器学习更加接近人工智能的目标。[7]现如今深度学习在图像、大数据特征提取等领域得到了广泛研究与应用，[8]实现了风格迁移、图像处理与分割、目标识别、图像修复等不同功能。在风格迁移过程中，人们渴望得到与原图近似的风格效果，注重图片的真实性与完整性。[9]与此不同的是，非真实感绘制（NPR）利用计算机技术模拟绘制艺术性的风格特征，强调不同艺术作品的抽象风格、美感和写实感。人工智能技术应用在刺绣研究中具体优势如下。

一、刺绣图像分类数据库难点是分类数据库编码层级的确立

对于刺绣传承过程中存在的绣种分类界限不明显、命名不规范、作品无法溯源、缺乏针法工艺鉴别等问题，如果采用单一的意象分类方法，是无法解决的。因此本文采用层级编码概念体系标准集使用需求，设计了深度学习的刺绣图像分类与检测方法，从众多的刺绣数据中分析找出艺术元素间的关联性及特征信息，继续细分，结合具体的刺绣作品建立刺绣分类数据库，从而为刺绣风格迁移提供依据。

二、更精确获得刺绣的艺术元素间的关联关系

梳理出刺绣绣种、针法特征、绣法特征、图案特征、刺绣的特色针法工艺、艺术风格等艺术特征元素。研究刺绣绣种、风格特征、特色针法工艺和图案特征等艺术元素的分类规律，为刺绣工作者和设计师提供一定的帮助。在系统分类的基础上，进行层级编码与图像的语义标注，进而全面揭示刺绣艺术特征元素间的关联关系。同时，为便于艺术风格迁移的精确学习，对刺绣图像进行语义分割，并建立刺绣图像分类检索数据库，便于计算机网络更好的学习和理解。

三、刺绣图案的智能生活

随着深度学习神经网络在不同领域的广泛应用，尤其在图像处理方面，刺绣图像的智能生成也在更新迭代，刺绣图案装饰正在走向更加成熟的阶段，优秀的刺绣艺术文化可以得到更好地传承和发扬。因此，针对刺绣图案的智能生成提出了两种方法，一种是基于改进式卷积神经网络的风格传输算法；另一种是基于生成对抗式刺绣图案的智能生成算法。实验结果表明，改进的卷积式生成方法可以智能生成大量刺绣风格作品和设计元素[10]，更好地重现传统刺绣的风格、针法工艺纹理细节并减少色彩失真的效果，获得的迁移图像更精准，是人工方法无法超越的。

第三节
刺绣风格迁移的意义

图像风格迁移可以理解为两个不同域中图像的转换，如图1-1所示，提供一张风格图像［图1-1（a）］，将任意一张内容图像［图1-1（b）］转化为迁移图像［图1-1（c）］，在保留图像［图1-1（b）］内容的同时使图像［图1-1（c）］获得了图像［图1-1（a）］的风格。神经风格迁移（Neural Style Transfer，NST）和传统风格迁移是图像风格迁移的两种主要技术。传统的风格迁移主要包括非真实感绘制（Non-Photorealistic Rendering，NPR）和纹理迁移[11]。非真实感绘制是利用计算机程序模拟艺术风格图像产生的步骤，通过对水彩画、油画、粉笔画等艺术作品进行模拟，从而生成效果逼真和具有观赏性的高品质艺术图片。常见的神经风格迁移技术主要包括基于图像迭代的慢速神经风格迁移

和基于模型迭代的快速神经风格迁移。前者根据图像逐像素迭代得到风格化图像，效率低耗时长；后者是利用搭建好的模型进行风格化处理，速度快但生成质量不佳。

（a）风格图像　　　　　　　（b）内容图像　　　　　　　（c）迁移图像

图1-1　风格迁移过程

随着NST技术的不断发展，国内研究人员已通过仿真建模、网格划分、遗传算法、Spiral算法、图像解析、混色原理等技术模拟了中华民族艺术作品[12]，主要包括山水画、重彩画、烙画、书法等作品，而对刺绣艺术风格的模拟却并不多见。虽然针对刺绣艺术风格迁移的研究已经存在，但还普遍存在着刺绣内容轮廓模糊、纹理随机迁移等问题，导致形成的模拟效果仍只是在色彩方面的迁移，与实际所需的刺绣艺术风格迁移效果差异较大。本文将风格迁移技术应用到刺绣艺术中，具有以下意义。

一、传统刺绣艺术特征分析与关联揭示

分析绣种、针法、工艺、内容、颜色、艺术风格和历史时期等的关联关系，基于卷积神经网络建立刺绣元素特征关系模型，为传统刺绣创作提供可靠的理论支撑。

二、为学习者提供刺绣针法、工艺等的参考

将关联模型应用到深度学习模型中，生成具有正确刺绣规律的刺绣风格迁移图像，为刺绣学习者创作新作品提供可靠参考，解决部分即将失传的刺绣方法无法传承的问题。

三、打破限制，将传统刺绣艺术应用到现代设计中

中国传统刺绣受到材料质地、制作工时和绣工技艺方面的限制，在很多场景中不能被应用，这就使得传统刺绣的发展受到了限制。为了适应现代市场的需求，结合人工智

能的方法，生成不同绣种、针法、工艺的刺绣模拟图像和具有刺绣艺术风格的设计元素，以印染的方式应用到现代设计当中，使传统艺术和文化"活起来"。

四、智能分类检索方式，为刺绣的制作、研究提供便利

建立智能分类刺绣数据库，避免传统数据库由人工录入，只能单纯文字检索的弊端。刺绣分类数据库的建立不仅为刺绣的现代传承与保护开拓了思路，也为数据库应用找到新的方向，扩充了现代设计元素库。

通过提取低层语义信息和高层语义特征，我们借助计算机设备与风格迁移技术，利用不同的算法模拟出具有刺绣艺术效果的模拟图像。不仅更好地模拟真实刺绣艺术的线条方向，突出了不同种类刺绣的针法特征和织物表面的纹理效果，还解决了传统刺绣绣制周期长，使用刺绣工艺在创作新作品时得不到可靠参考等问题；更将传统刺绣艺术风格迁移后生成的艺术元素应用到现代设计中，为设计师的创作提供更多的设计元素。同时，有效模拟符合刺绣工艺规律、风格多样、线条立体的刺绣艺术风格图像，为非物质文化传承和数字化保护奠定了基础。

✎ 小结 ..

本章主要分析了中国刺绣艺术的特点、人工智能在刺绣研究中应用的优势和刺绣风格迁移的意义。从真实的刺绣艺术作品出发，利用深度学习方法建立刺绣图像分类数据库并对刺绣风格进行数字化模拟，不仅减少了人工制作时间，加快制作速度，可广泛应用于商业作品中；还为进一步弘扬民族文化，为中华民族保存完整丰富的刺绣瑰宝，打破了时间和空间的限制，是弘扬刺绣文化的独特魅力与情感表达。同时计算机模拟生成刺绣作品有利于刺绣技艺发展，可为刺绣技术人员提供计算机模拟生成的针法作为参考。一方面，减少反复刺绣打样的次数，另一方面，可将生成类似刺绣艺术风格的元素和图像应用到服装设计中，为服装设计与创新提供新的参考和灵感。

参考文献

[1] 王臻青. 刺绣：解读民间文化图腾 [N]. 辽宁日报，2006-03-31（5）.

[2] 刘咏清. 楚国刺绣艺术研究 [D]. 苏州：苏州大学，2012.

[3] 卢畅. 满族传统刺绣在现代服装设计中的创新应用研究 [D]. 吉林：东北电力大学，2023.

[4] 冀文欢. 多目标识别深度学习网络轻量化技术研究 [D].西安：西安工业大学，2023.

[5] Krizhevsky A，Sutskever I，Hintion G E. ImageNet classification with deep convolutional neural networks [J]. Communications of the ACM，2017，60（6）：85-90.

[6] 陈思霸. 基于深度学习的信号调制识别方法研究 [D]. 苏州：苏州大学，2021.

[7] 王爱民. 面向智能制造的人工智能发展与应用态势分析 [J]. 人工智能，2023（1）：1-7.

[8] Li S，Xu X，Nic L，et al. Laplacian-stccred neural style transfer [C] //Proceedings of the 25th ACM international conference on Multimedia. Mountain View，California，USA：Association for Computing Machinery，2017：1716-1724.

[9] Risser E，Wilmot P，Barnes C. Stable and Controllable Neural Texture Synthesis and Style Transfer Using Histogram Losses [J]. 2017.

[10] 季苏瑞. 基于编码器—解码器的图像风格迁移方法的研究与应用 [D]. 南京：南京邮电大学，2021.

[11] 唐稔为，刘启和，谭浩. 神经风格迁移模型综述 [J]. 计算机工程与应用，2021，57（19）：32-43.

[12] 郑锐，钱文华，徐丹，等. 基于卷积神经网络的刺绣风格数字合成 [J]. 浙江大学学报：理学版，2019，46（3）：270-278.

第二章

刺绣图像数据库
设计与内容识别
检索

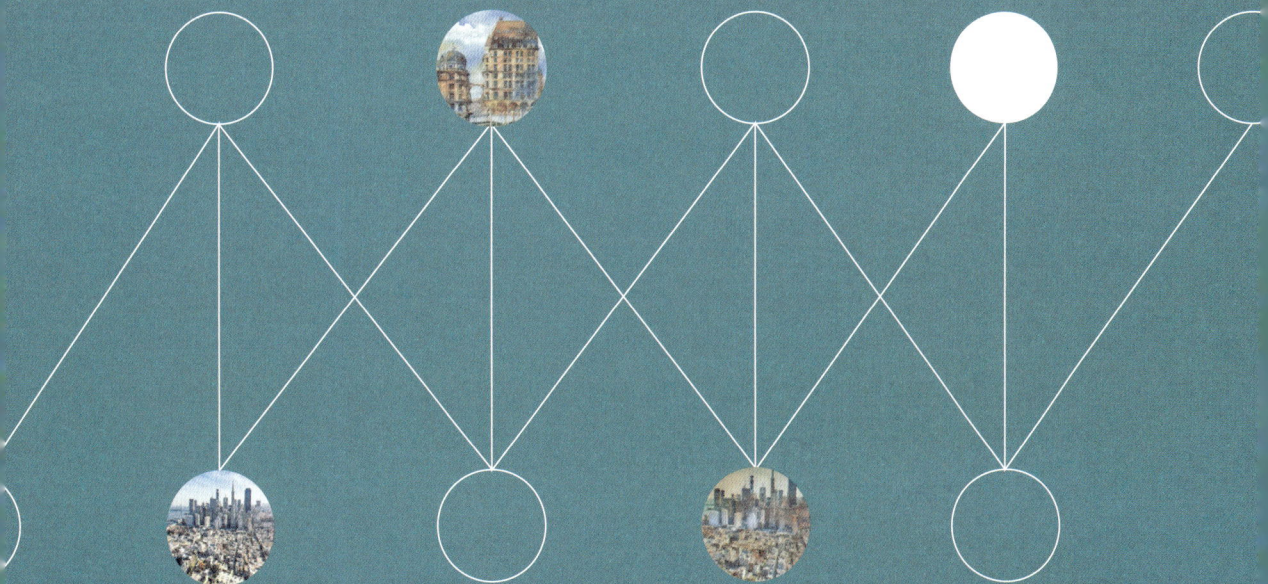

数据库已经成功地应用于生活的各个领域，[1]例如，图书馆信息系统、乘车购票系统、银行存款系统、校园信息系统等都依赖于数据库的建立。为了更好地传承和发扬传统刺绣艺术，本书建立基于深度学习算法的智能分类刺绣数据库，为从事纺织品设计与艺术设计的工作者、非遗传承人和艺术文化史研究者提供大量的数字资源，以帮助用户直观、高效地搜索到需要的刺绣内容。[2]

智能分类刺绣数据库的建立节省了人工标注数据的时间，避免了人工理解的语义偏差；突破传统单纯关键字的检索模式，不仅可以输入绣种、针法、工艺、图像内容等文字进行刺绣信息检索，也可以输入刺绣图像，进行相似性刺绣图案检索，提高了刺绣检索的准确性和便利性；智能地将刺绣按照绣种、风格、针法、工艺和意象进行精细分类，为风格迁移模型中的学习模型和训练模型提供更精准的学习库，使风格迁移模型更加轻量化，为顺利的风格迁移提供数据支撑。

本章主要介绍刺绣数据库分类概念体系、基于深度学习的刺绣图像分类与检测、刺绣图像特征检索系统等，使收集到的图像数据具有规范性和规律性，为第五章的模型结构提供训练学习的基础，以便更有针对性地对刺绣针法进行仿真模拟；通过预先知道刺绣图案风格迁移设计效果，为企业生产制作提供参考，节省了大量的时间成本，为现代服饰与文创产品的创作扩宽题材库。

第一节
刺绣数据库分类概念体系的构建

一、刺绣分类标准

良好的数据集要对数据种类有较高的覆盖率，例如，以对象为中心的数据集 ImageNet[3]和以场景为中心的数据集Places[4]都具有很高的类别覆盖率。2009年，ImageNet数据集首次发布时，包含12个大类别，大约320万张图片。ImageNet的类别概念基于WordNet[5]层次结构进行组织构建。WordNet是联合心理学、语言学和计算机学领域的一种认知语言学词典。Places数据集包含了434个场景的一千万张左右的场景图片。同样地，该数据集的构建也基于WordNet场景种类。这些数据集的构建确保数据集的概念体系有理可依，并使得数据集包含的种类具有充分的层次性和区分度。同时，由于丰富的类别，也使得数据集有很好的拓展性，便于后续的种类或者图片数据扩充。

刺绣是非物质文化遗产，在常见工艺品中，苏绣、湘绣、蜀绣、粤绣是公认度和区分度较高的类别。意象以物象为表层特征体现自然万物，同时又超越意象之外表达更丰富的内容[6]。根据以上数据集概念体系的种类构建的概念思想体系，从刺绣的意象出发，对刺绣作品进行深入的分类研究，相比于传统的色彩、针法分类方法更具有大众化传播的优势。作为中国传统文化艺术，刺绣作品中多为花鸟、走兽、山水、鱼虫、人物、龙凤等具有美好寓意的意象，题材广泛。例如，凤鸟是刺绣中使用较多的传统纹样，表达了吉祥的寓意，体现出古人对美好生活的向往，以及祈求神灵庇佑众生的愿望。结合概念体系思想和刺绣作品自身的特征，以苏绣、湘绣、蜀绣和粤绣四个种类作为第一指标，再将刺绣作品的图案意象作为二级指标，层层细化后得到刺绣种类的四层概念体系。

二、刺绣数据库编码标准

刺绣数据库主要分为四层概念体系，对数据集中的图片样本进行人工编码。根据图片特征进行人工编码的方式，具有较高的灵活性和准确性，并方便数据的管理、分类和使用。

如图2-1所示，将概念体系的所有层级考虑到编码过程中，数据集中的每一张图片需要51位数字编码。第一层占1位编码；第二层风格特征占3位编码；第三层中植物占13位编码，其中工艺、花、叶、果各占3位。人和动物占15位编码，其中工艺、鸟占3位，鱼、虫、兽、人各占2位。景物占8位编码，其中工艺占3位，土、水各占2位。器物占11位编码，其中工艺、物品占3位编码，建筑和乐器占2位编码；第四层为不同类别对应的针法；第五层为具体的意向。如果刺绣图像中未出现此类意象，则编码为0。对每一位编码的说明，如图2-2所示。

图2-2（a）刺绣图像为苏绣，属于较密的风格，前两位的编码为1 103；图中有植物-抢针-花-未知、植物-齐针-叶-未知、动物-施毛针-鸟-喜鹊三种意象，且具体类别均为未知（为了减少编码的个数，在植物同一层级不同的针法工艺中选择图像中占比较大的抢针），编码为1 103 1102100200000 210710400000000 00000000 00000000000。

图2-2（b）刺绣图像为粤绣，属于线片光亮的风格，前两位编码为4 107；图中有植物-齐针-叶-竹叶和动物-刻鳞针-兽-熊猫两种意象，编码为4 107 1101000202000 21060000004700 00000000 00000000000。

这种编码的优势在于，当某一种意象多次出现在不同刺绣作品中，且在后续扩充数据集的过程中发现其具体类别的名称，需要在第五层中增加此类时，只需要将编码中的小部分进行修改，并不影响原始编码数据。

图例
❶ 第一层
❷ 第二层
❸ 第三层
❹ 第四层
❺ 第五层

刺绣种类编码导图（51编码）

❶
苏绣（1）
湘绣（2）
蜀绣（3）
粤绣（4）

❷ 风格特征（1） 占位3
未知（00）
平（01）
齐（02）
密（03）
顺（04）
光（05）
针脚整齐（06）
线片光亮（07）
紧密柔和（08）
车拧到家（09）
平直（10）
整齐（11）
圈活（12）

❸ 植物（1） 占位13
未知（00）
齐针（01）
针（02）
平金（03）
乱针绣（04）
掺针（05）
游针（06）
平针（07）
套针（08）
打子针（09）
❹ 工艺（1）

❺ 花（1）
未知（00），梅花（01），兰花（02），菊花（03），荷花（04），牡丹（05），桃花（06），玉兰（07），百合（08），月季（09），麦穗（10），迎春（11）
无（000）

❺ 叶（2）
未知（00），荷叶（02），竹叶（02），松（03），水草（04），柳（005）
无（000）

❺ 果（3）
未知（00），莲（01），寿桃（02），荔枝（03），石榴（04），柿子（05），葡萄（06），苹果（07）
无（000）

❸ 动物（2） 占位15
未知（00）
接针（01）
滚针（02）
切针（03）
扎针（04）
铺针（05）
刻鳞（06）
施毛针（07）
乱针绣（08）
晕针（09）
斜铺（10）
施针（11）
毛针（12）
❹ 工艺（1）

❺ 鸟（1）
未知（00），鹤（01），白鹭（02），鸳鸯（03），喜鹊（04），公鸡（05），麻雀（06），孔雀（07），鹅（08），鸭（09），凤凰（10），鸽子（11），鹦鹉（12），雁（13）
无（000）

❺ 鱼（2）
未知（0），锦鲤（1），金鱼（2），金龙鱼（3），吉祥鱼（4），太阳鱼（5），荷花鱼（6），神仙鱼（7），双面鱼（8）
无（00）

❺ 虫（3）
未知（0），蝶（1），蜻蜓（2），蚂蚱（3），蚂蚁（4），蜻蜓（5）
无（00）

❺ 兽（4）
未知（0），马（1），猫（2），狮子（3），豹（4），鹿（5），龙（6），熊猫（7），老虎（8）
无（00）

❺ 人（5）
多人（0），女性（1），男性（2），儿童（3），神话人物（4）
无（00）

❸ 景物（3） 占位8
未知（00）
铺针（01）
松针（02）
帘针（03）
混针（04）
游针（05）
乱针绣（06）
借色绣（07）
❹ 工艺（1）

❺ 土（1）
日（1），石（2），山（3），田（4）
无（000）

❺ 水（2）
湖（1），瀑布（2）
无（000）

❸ 器物（4） 占位11
未知（00）
肉入针（01）
锦纹针（02）
平游针（03）
打籽针（04）
网绣（05）
交织（06）
隐格针（07）
金银线绣（08）
凸绣（09）
贴花绣（10）
垫金绣（11）
❹ 工艺（1）

❺ 物品（1）
未知（00），服饰（01），花瓶（02），盘子（03），杯子（04），桌子（05），扇子（06），书（07），笔（08），花篮（09），垫子（10）
无（00）

❺ 建筑（2）
未知（0），矮房子（0），楼（1），桥（3），四角亭（4），船（5），塔（6）
无（00）

❺ 乐器（3）
未知（0），琵琶（1），笛（2）
无（00）

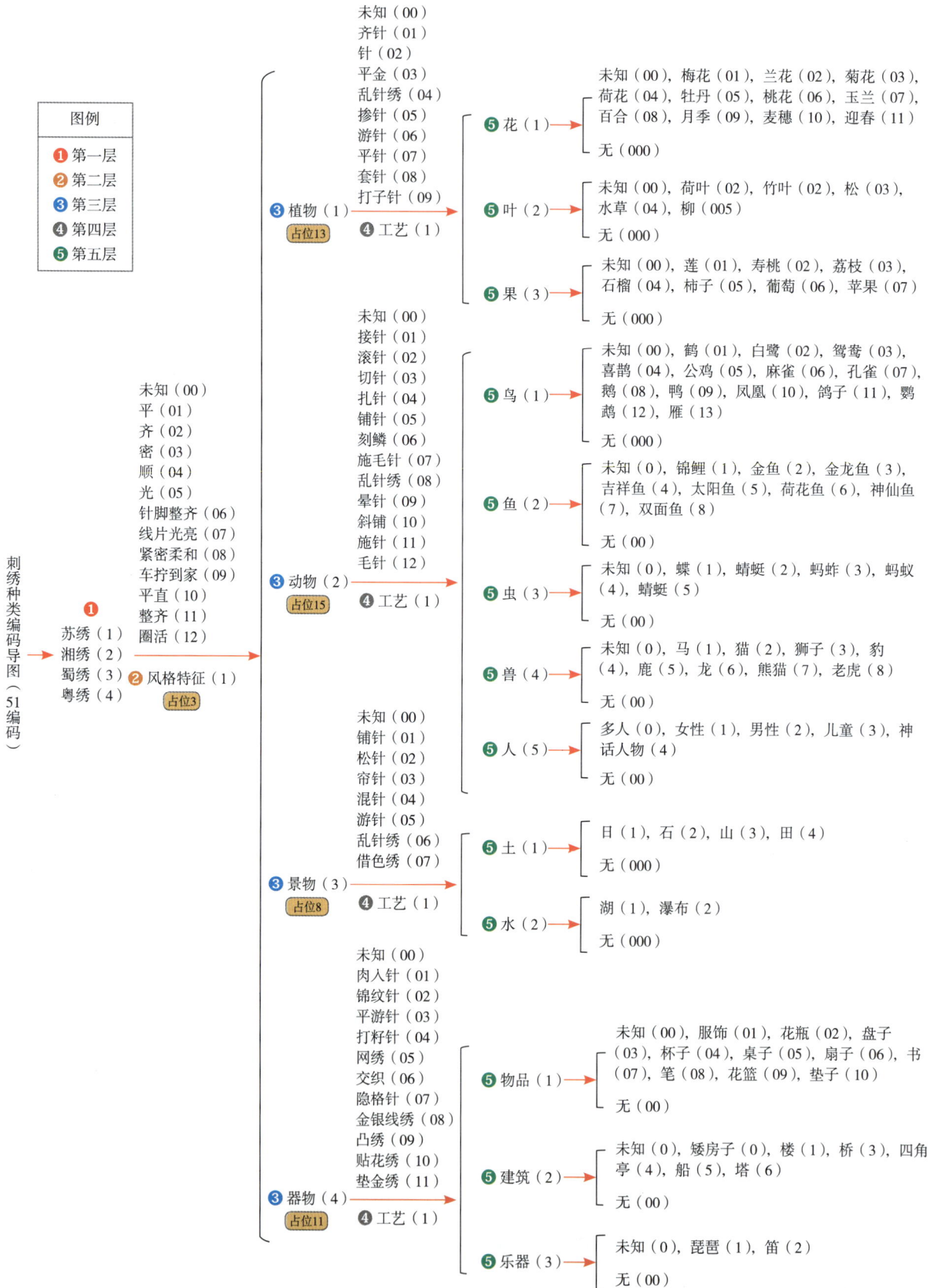

图2-1 刺绣编码导图

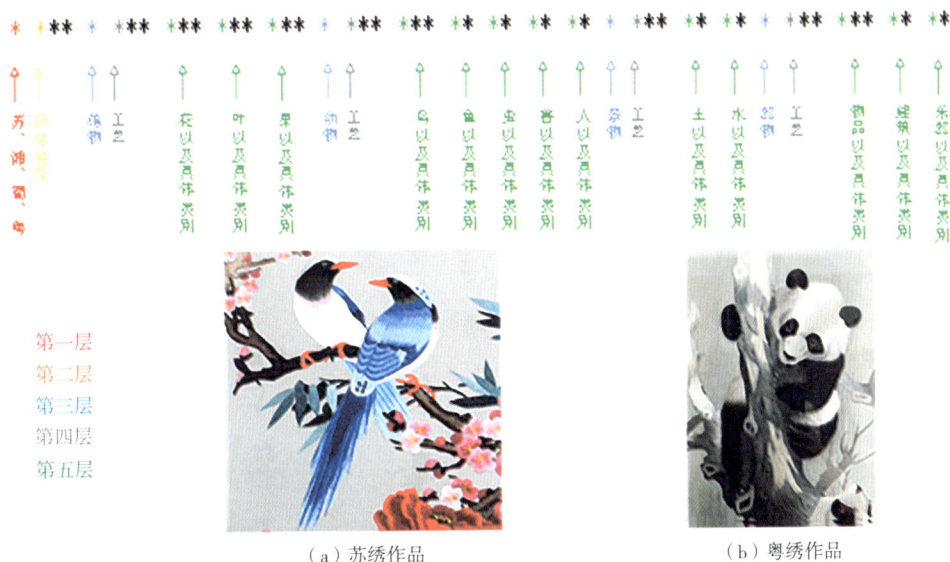

第一层
第二层
第三层
第四层
第五层

（a）苏绣作品　　　　　　　　　　（b）粤绣作品

图2-2　编码说明

三、刺绣数据库搭建

1. 刺绣数据库需求分析

本书所设计的刺绣图像检索系统主要针对两类人群：一是刺绣图像收集的相关工作者，根据系统对图像的特征检索，补充刺绣的部分信息；二是刺绣的艺术爱好者，系统内部数据可以提供给用户要求的刺绣图像，方便下载、传播和交流。

本书开发的刺绣图像检索的功能需求如下：

（1）满足用户的关键词查找和随意浏览两种方式，对于专业性的词汇尽量附带解释，避免信息过度学术化，但又可满足不同群体的需求。

（2）内容形式多样化，如按意象分类、绣种分类、刺绣工艺分类、色彩分类等。

（3）在用户检索过程中，不仅可以进行文本输入，如输入关键词，绿色、苏绣、龙凤纹、棉等，还可以进行智能搜图，输入一幅真实的荷花图案，从而得到一个具有刺绣效果的荷花图像。

本书开发的刺绣图像检索的性能需求如下：

（1）实时性，能够及时地更新加载页面，不卡顿、运行流畅，是一个能准确、详细提供刺绣图像信息的平台。

（2）易操作性，刺绣图像检索系统的用户界面结构布局合理，操作便捷，色彩搭配合理。

在总体的数据库设计过程中，根据对刺绣图像检索的需求分析，本系统分为两大功能模块，接下来对两大模块的介绍如下所示。

管理员模块首先要注册自己的管理账号再登录；其次利用管理员的身份主要进行刺绣图像特征检索、刺绣图像管理和图片信息生成与管理。本书刺绣图像特征检索利用YOLOv4和ResNet50模型成功识别出大量图片的主要内容并输出，减少了管理员手动输入的冗余步骤。

用户功能模块的设计主要为了满足用户在使用图像检索过程中的需求。例如，个人信息管理页面包含个人需求文本输入（偏好风格、图案、工艺、绣种、色彩）；刺绣图像类别预测根据个人信息展示出符合用户审美的刺绣图片。

刺绣图像检索系统结构设计如图2-3所示。

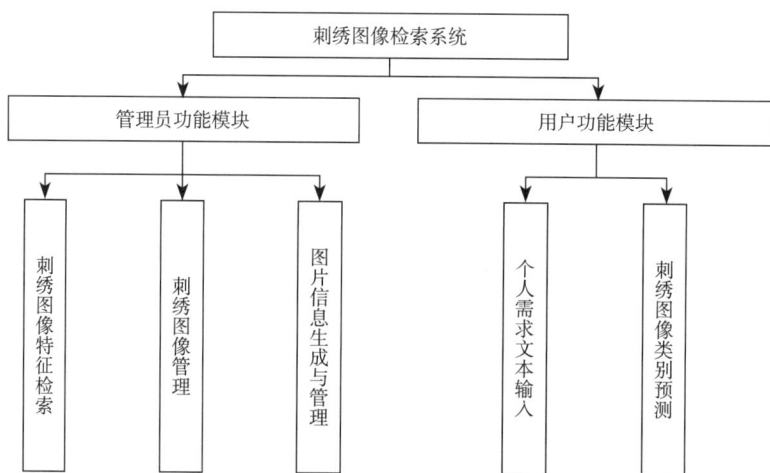

图2-3　刺绣图像检索系统结构

2. 刺绣数据库的层级设计

根据收集到的不同种类刺绣藏品图片，归为五层概念体系，如图2-1所示。第一层为苏绣、湘绣、蜀绣、粤绣；第二层为不同绣种独特的风格特征——平、顺、光、针脚整齐等；第三层将花鸟、走兽、山水、鱼虫、人物、龙凤这六类刺绣中常见的意象概括总结为植物、动物、景物和器物。第三层和刺绣具体种类之间粒度跨越较大，针对具体物种对应不同的工艺，整个概念体系层次粒度逐渐细化，各层节点数均匀合理。第四层级为不同的针法工艺——铺针、滚针、乱针绣、平针等，第五层将植物扩展为花、叶、果三类，将动物扩展为鸟、鱼、虫、走兽、人五类，将景物扩展为土、水两类，将器物扩展为物品、建筑和乐器三类。第三层可以将刺绣类别做出细致的分类，刺绣作品中出现的意象能被一一概括。第五层可将第三层的意象类别、第四层的针法工艺进一步细化分类。即第五层的类别可以进行增删，对其他层级不会造成影响。

3. 刺绣数据库著录

在搭建数据库时，系统基于深度学习方法进行图片分类，可以智能读取刺绣图片的绣种、内容、颜色、工艺等刺绣的主要信息，因此免去了常规数据库搭建中繁琐的元数据录入环节，为数据库录入工作提供了便利。刺绣的元数据著录规范的设定从用户使用需求出发，参考了国家标准（GB/T 30522—2014《科技平台元数据标准化基本原则与方法》）的基本原则与方法，结合了刺绣研究学者意见制定而成[7-9]。见表2-1，通过本章所建立数据库的刺绣著录示例，直接生成刺绣图片基本特征，免去了手工录入的烦琐过程。同时，根据读取的刺绣图片内容，将图片根据绣种——意象进行分类，实现数据库的智能逻辑结构设计。基于以上数据库的设计，用户不仅可以采用传统的文字搜索方式外，也能直接通过图片搜索相关内容，提高了检索的效率和准确性。

表2-1　刺绣著录示例

图片示例	
名称	《牡丹》
地域	江苏苏州
文件类型	<格式>.jpg <存储大小>.140KB
纹样	花卉纹、鸟纹
描述	富贵牡丹，牡丹贵为花中之王，象征着富贵、财富与美好的寓意
色彩	红、粉、白、墨绿、浅绿、褐色、黄
材质	棉布、真丝、绣线
工艺	苏绣——平绣、乱针绣、施针
创建时间	2022年11月9日
资料来源	互联网平台

第二节　基于深度学习的刺绣图像智能分类与检测

　　基于上述刺绣图案的分类概念体系编码方法，结合深度神经网络对刺绣图像内容的识别和分类，提出刺绣图像的检索方法。图像检索是信息检索领域的一个分支[10]，利用神经网络等算法实现对图像的特征提取，构建检索模型，从而实现准确快速地图像检索。图像检索的过程主要由图像分类识别和图像特征表示构成。

　　图像分类和识别是基于内容的图像检索（CBIR）预处理的重要部分。Caicedo[11]利用特征包对图像进行分类，为向量机分类和深度学习的结合奠定了基础。2012年Krizhevsky[12]利用优化后的卷积神经网络训练模型，提高了图像分类精确度。这个架构作为最初的思路，许多学者对其进行了改进。而基于深度学习的图像识别将图像作为一个整体输入，图像识别还需要确定图像中实例的位置和形状等信息。Kaiming He[13]提出的ResNet实现了网络越深准确率越高的效果，解决了深度神经网络中的退化问题，为图像识别和分类奠定了基础。

　　图像的特征表示是图像识别的开始。特征表示的准确性很大程度上决定了图像检索的准确性。Xiang S.Z[14]最早指出图像表示数据库约束CBIR的性能。Ren Z.Z[15]提出利用深度神经网络学习高级视觉特征表示，以此训练神经网络。Y.S.Li[16]利用深度神经网络和哈希映射提取到背景复杂的遥感图像特征。本章提出的分类概念体系的编码方法，能够作为监督机器学习图像特征表示的标签，优化检索准确度。因此，将深度神经网络的输出作为图像特征，与分类概念体系编码方法相结合进行刺绣图像的检索系统构建，是效率较高的可行方案。

　　结合以上的实验和理论，本书提出一种基于深度学习和分类概念的图像检索算法，其结构如图2-4所示。首先利用深度神经网络训练刺绣图像数据集，优化模型的参数，得到具有良好分类效果的深度神经网络。然后利用训练好的模型输出具有刺绣图像深层特征的特征编码。同时利用本章提出的五层分类概念体系的编码方法，将刺绣数据集的样本进行编码，构成编码数据库。在有监督的图像检索过程中，首先，利用编码库中的编码对比图像的相似性，筛选出具有相同刺绣意象的作品；其次，利用神经网络生成的特征码，将筛选出的图像进行第二次相似性计算，得到最终的检索结果。

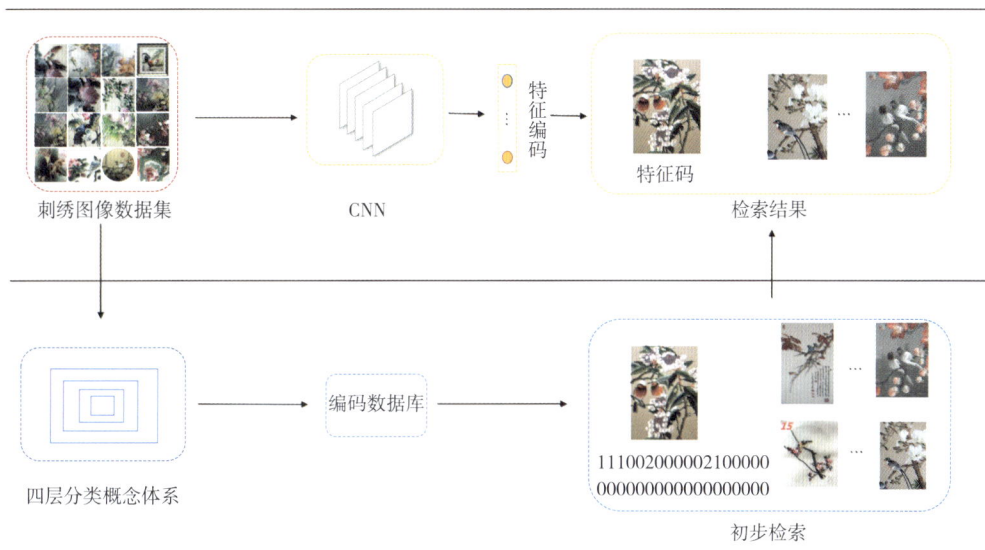

图2-4 刺绣图像检索步骤

　　首先，以刺绣图像为研究对象，依据本文数据集编码的特点，从多种网络模型中选用了ResNet50和YOLOv4检测算法对图像进行分类。实验采用的刺绣图像数据集是通过Python在百度图片中提取的2057张图像样本组成的。由当代刺绣图像常见的梅花、兰花、菊花、荷花、牡丹、桃花、鸟、鱼、竹叶九类刺绣图像组成，部分数据集如图2-5所示。

图2-5 部分数据集

　　其次，针对识别后的图像类别进行更详细的归类，建立专属的分类库。分类库包含的信息特征有：植物、动物、景物、器物的进一步的物种划分、刺绣图像的风格特征、物种对应的针法工艺,如图2-6所示。

刺绣图像分类流程如图2-7所示。

一、基于ResNet50模型的刺绣图像分类

四大名绣作为图片搜索的关键词,其在各大搜索引擎中收集的图像,既可能来自线上博物馆,也可能来自刺绣工艺经验的分享网站。利用搜索引擎寻找不同来源的刺绣图像,保证了图片类别的多样性和数据源广泛性。2009年,Deng等构建ImageNet时就得到了验证。ImageNet和Place[4]的工作也是采集图片,然后进行清洗和标注,这说明综合性图片搜索引擎是目前图片收集工作中高效的方法之一。结合网络爬虫和人工收集两种方式,需要对噪声图片进一步清洗,才能保留所需的图片类型,进而作为构建数据集的正式图像。

根据刺绣数据集分类编码的特点,选用ResNet50网络模型对刺绣图像进行分类。ResNet50共包含7个部分,如图2-8所示,第一部分是输入图像并对输入图像进行卷积、正则化、激活函数和最大池化层。卷积就是对输入图像进行特征提取。对图像进行正则化是为了防止过拟合,使模型不要过分考虑当前的样本结构,提

物种:麻雀 风格特征:紧密柔和 工艺:接针、施毛针、铺针

图2-6 麻雀的信息特征

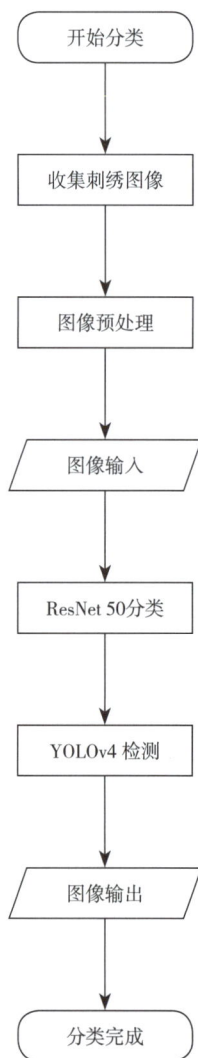

图2-7 刺绣图像分类流程图

高模型的泛化能力。过拟合是指神经网络模型在训练集上表现很好，但是在测试集上表现不太好，泛化能力较差。过拟合是很多机器学习的通病，一旦出现过拟合，得到的模型基本就失效了。深度学习中常用的正则化方法有Dropout、数据扩增、早停止、多任务学习、参数共享等。激活函数是为了帮忙网络模型从复杂的数据中进行学习，在多类分类任务中，常用的激活函数是Softmax。最大池化层可以学习到图像的边缘特征和纹理特征。

第Ⅱ到第Ⅴ个部分都是卷积结构块，进行卷积。第Ⅵ部分是进行平均池化，能够最大限度地保留图像的整体特征。第Ⅶ部分是全连接层，将前面所提取到的特征全部汇总后，实现图像的分类。

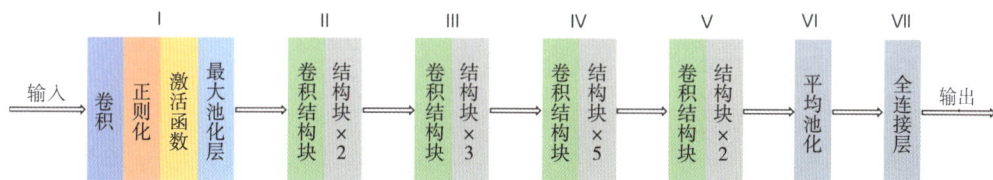

图2-8　ResNet50网络结构图

本实验是在PyTorch框架下进行的，根据实验目的，设计实验流程如下：

第一步，对刺绣图像进行预处理。为了去除原始图像中的一些不必要信息，增强图像的可用信息，从而增强图像特征提取、图像复原、图像分割、图像匹配和识别的可靠性，因此将刺绣图像进行归一化处理，将图像尺寸统一改为 $224 \times 224 \times 3$。

第二步，设置超参数（包括批处理大小、学习率等）。超参数是在进行学习之前设定的，而不是学习之后所获得的，一般情况下要通过验证集对超参数进行优化，来提高学习的性能和效果。本次实验运用的ResNet50模型中，采用指数衰减的方式调节学习率。超参数设定包括冻结时和解冻后，见表2-2、表2-3。

表2-2　冻结时超参数设置

超参数	取值设置
batch_size	16
Learning rate	0.001
Init_Epoch	0
Freeze_Epoch	20

表2-3 解冻后超参数设置

超参数	取值设置
batch_size	8
Learning rate	0.0001
Freeze_Epoch	20
Epoch	100

第三步，定义损失函数和优化器，进行参数更新。损失函数为Softmax，优化器为Adam。

第四步，将网络模型、损失函数、优化器组合在一起构建一个model，并调用model的train接口来启动训练过程。

第五步，测试model，并且输出model准确率。

通过分类准确率的高低可以直接判断分类结果的好坏。本实验的图像分类评价指标主要有精确率（Precision）、召回率（Recall）、准确率（Accuracy）、特异性（Specificity）和F_1值。这些值是根据混淆矩阵得出的。混淆矩阵的含义见表2-4。

表2-4 混淆矩阵表

项目	预测为正	预测为负
实际为正	TP	FN
实际为负	FP	TN

精确率又称查准率，指的是正确预测为正的占全部预测为正的比例，即真正预测为正的占所有预测为正的比例，其表达式如式（2-1）所示。

$$精确率=T_P/(T_P+F_P) \qquad (2-1)$$

召回率也被称为查全率，是指正确预测为正的占全部实际为正的比例，即真正正确的占所有实际为正的比例，其表达式如式（2-2）所示。

$$召回率=T_P/(T_P+F_N) \qquad (2-2)$$

准确率是所有预测正确的占总的比重，其表达式如式（2-3）所示。

$$准确率=(T_P+T_N)/(T_P+T_N+F_P+F_N) \qquad (2-3)$$

特异度是"Connected with one particular thing only"，即仅仅与唯一的特定事物相关，

具有专一性，其表达式如式（2-4）所示。

$$特异度=T_N/(T_N+F_P) \tag{2-4}$$

F_1 将精确率和召回率同时考虑到，是精确率和召回率的调和平均值。通常，希望得到的精确率和召回率越高越好，但这显然是不现实的，想要高的精确率就必须要降低召回率，想要高的召回率就必须降低精确率，此时就需要选择合适的阈值，找到两者间的平衡点，让精确率和召回率同时达到最大值，其表达式如式（2-5）所示。

$$F_1=2×精确率×召回率/（精确率+召回率） \tag{2-5}$$

经过模型训练，本实验得出的混淆矩阵如图2-9所示。在这个9×9的矩阵中，它的行指的是真实类别，列指的是预测类别。反映在本实验的测试集中，九种类别的图像分别有20张，模型对这180张图像进行预测，得到了混淆矩阵如图2-9所示。由第一行可知，20张bamboo-leaf图像中，15张预测为bamboo-leaf，5张预测为bird，bamboo-leaf的精确率为15/20=0.75。由第一列可知，预测为bamboo-leaf的16张图像中，有15张是真正的bamboo-leaf，bamboo-leaf的召回率为15/16=0.938。其他种类同理，模型的准确率：（15+18+19+20+3+20+17+20+17）/180=0.827。

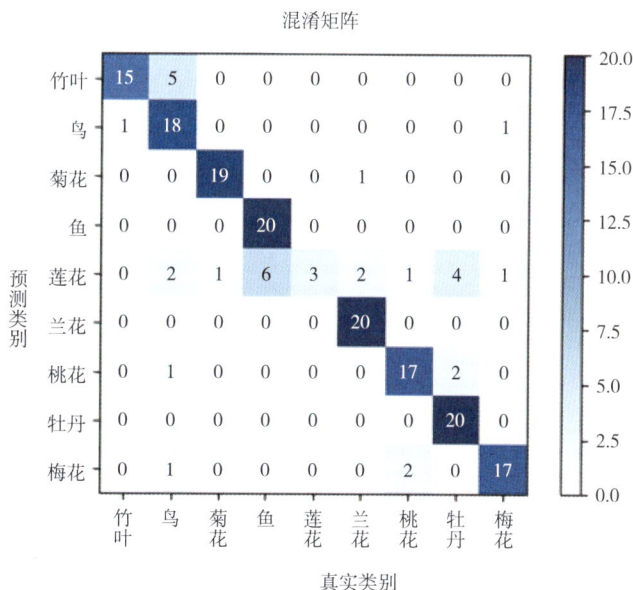

图2-9 ResNet50模型的混淆矩阵

由混淆矩阵得出精确率（Precision）、召回率（Recall）、特异度（Specificity）、准确率（Accuracy）和 F_1 值见表2-5。

表2-5　模型评价指标

Object	Precision	Recall	Specificity	F_1值	Accuracy
bamboo-leaf	0.75	0.938	0.97	0.833	
bird	0.9	0.667	0.987	0.766	
Chry-santh-emum	0.95	0.95	0.994	0.95	
fish	1.0	0.769	1.0	0.87	
lotus	0.15	1.0	0.904	0.261	0.827
orchid	1.0	0.87	1.0	0.93	
peach-blossom	0.85	0.85	0.981	0.85	
peony	1.0	0.769	1.0	0.87	
plum-blossom	0.85	0.895	0.981	0.872	

　　从表2-5可以看出，在运用ResNet50模型的情况下，刺绣图像分类的准确率较高，为0.827。说明该模型对于这几类的分类效果很好，且泛化能力很强。

　　其次，对ResNet50网络模型的实验数据进行分析，如图2-10所示展示了训练模型的损失变化，横坐标表示迭代次数，纵坐标表示损失值。可以看出，在模型开始训练时，损失值为1.4左右，随着迭代次数的增加，损失值虽然偶尔有波动，但波动较小，总体上呈现下降趋势，且最终趋于稳定，说明模型已经完全收敛。即从本实验来讲，迭代次数100已经足够，不需要增加更多迭代次数。

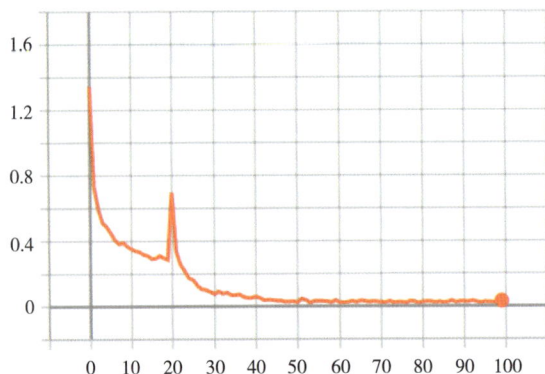

训练损失

图2-10　ResNet50损失变化图

如图2-11所示展示了训练模型中迭代次数和准确率的关系，横坐标表示迭代次数，总共迭代次数为100次，纵坐标表示准确率。从图中可以看出，随着迭代次数的增加，准确率总体上呈现上升趋势，模型准确率从0.55左右到最终接近于1，说明ResNet50模型能够很好地完成分类任务。

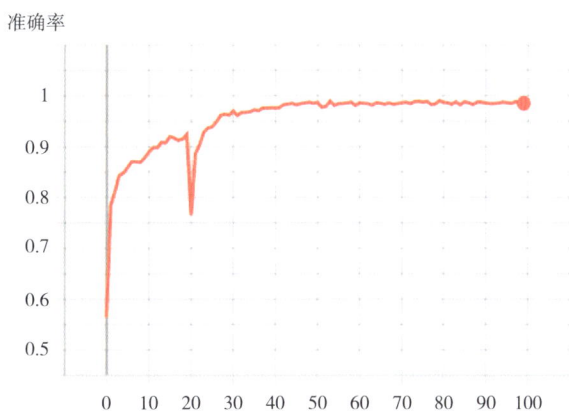

图2-11　ResNet50准确率变化图

实验采用深度学习的目标检测和分类方法，将数据集中的刺绣图像部分进行标注、预处理和分类，从而训练出目标检测和分类模型，并针对刺绣图像中的梅花、兰花、菊花、荷花、牡丹、桃花、鸟、鱼、竹叶物体等进行了识别。实验结果说明，利用该方法能够对图像中的物体进行较精准的检测和识别。因此将刺绣数据集中的所有样本分类编码是一项有意义的工作，有利于后续与深度学习相结合的自动识别和分类等工作。

二、基于YOLOv4的刺绣图像检测

在众多目标检测的算法中，YOLO网络模型以其预测的速度之快而杀出重围，它是典型的one-stage算法，只需要一次检测就可以对图像中的目标进行归类和定位。YOLOv4是YOLO系列的第四个版本，它的检测精度和速度与前几个版本相比都有很大的提升[17]。相较于其他算法，由于YOLOv4的多尺度检测[18]可以检测出不同尺度的物体，所以它对于大中小目标的识别更加准确，更适用于刺绣图像的识别。

本实验采用 Python3.5，在深度学习框架PyTorch 下构建模型。在实验中，采用的CPU 是Intel（R）Core（TM）i7-8700，8G内存，显卡是 GTX 1060，64 位 win10 操作系统。将数据集划分为训练集、验证集和测试集。由于本文采用的是监督学习的方法，所以在图像训练之前需要对图像进行标注，本次实验选取的图像标注工具为LabelImg。

LabelImg是一种打标签的工具，许多目标检测模型都需要先用它对数据集进行标注，生成的XML文档是遵循PASCAL VOC格式的，也便于之后的训练。

图像检测要区分的类别：bamboo-leaf、bird、chrysanthemum、fish、lotus、orchid、peach-blossom、peony、plum-blossom。训练分为冻结和解冻部分。对模型进行冻结训练可以加快训练速度，也可以防止破坏权值。在主干被冻结时，占用的显存较小，只需要对网络进行细微的调整。在主干被解冻后，占用的显存较大，此时网络的参数需要改变，冻结时和解冻后的参数设置见表2-6、表2-7。

表2-6 冻结时超参数设定

参数	取值设置
Learning rate	0.001
batch_size	8
Init_Epoch	0
Freeze_Epoch	50

表2-7 解冻后超参数设定

参数	取值设置
Learning rate	0.0001
batch_size	4
Freeze_Epoch	50
Epoch	100

对于目标检测任务来说，它的评价标准有多类别平均精度（mean Average Precision，mAP），mAP值越大就说明该目标检测任务实现的效果越好，本检测任务的评价指标为平均精度（Average Precision，AP）、F1值、精确率（Precision）以及召回率（Recall）。

AP对Recall和Precision进行了综合考量，它表示的是某一类别检测的好坏程度，其表达式如式（2-6）所示。

$$AP = \int_0^1 P(R)dR \qquad （2-6）$$

mAP就是各个类别AP的平均值，它用来衡量模型对所有类别检测的好坏程度，其表达式如示（2-7）所示。

$$mAP = \frac{\sum AP}{N} \qquad (2-7)$$

经过模型训练，本实验得出的 *mAP* 为79.23%，说明本次实验选用的 **YOLOv4** 网络模型在九种刺绣元素图像检测中表现较好。

为了对实验的 *mAP* 进行验证，选取了部分图像进行测试，这些图像有数据集内的，也有数据集外的，可以检测模型的泛化能力。部分检测结果如图2-12～图2-14所示。

图2-12　混合标签2识别结果

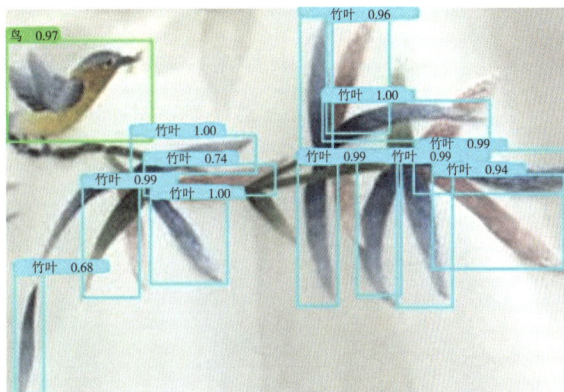

图2-13　混合标签3识别结果

图2-14　混合标签4识别结果

从检测结果来看，**YOLOv4** 可以检测识别出多标签元素的刺绣图像，且检测结果较好，可以进行下一步的图像检索。

第三节　基于深度学习的刺绣图像特征检索系统

一、基于卷积神经网络的刺绣图像检索

为了克服传统图像检索中人工注释主观性和耗时耗力的缺点，本书将深度学习与内容图像检索技术相结合，提出了基于卷积神经网络的刺绣图像检索，该方法首先从图片数据库中选择批量的数据集进行预处理，之后抽取每张图片的特征向量，存储于数据库中；同时对于待检索图片，抽取同样的特征向量，并对该向量和数据库中向量进行相似度计算，并按照相似度高低排序，选出前TopN的图像，找出最接近的前N个特征向量，其对应的图片即为检索结果，图像检索技术的方式如图2-15所示。

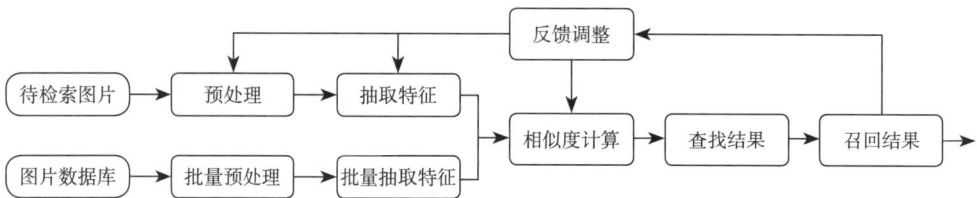

图2-15　图像检索方式

1. 建立检索模型

为实现刺绣图像的检索，首先要建立图像的检索模型，其核心是提取图像特征并将其转化为特征向量，在建立映射空间后进行相似度匹配。检索流程如图2-16所示，分为构建特征向量库和处理检索图像两个过程，即将输入的刺绣图像以及数据库中图像的特征向量进行提取后再进行比对，建立特征向量库，使用PCA降维，得出更为准确的搜索结果。

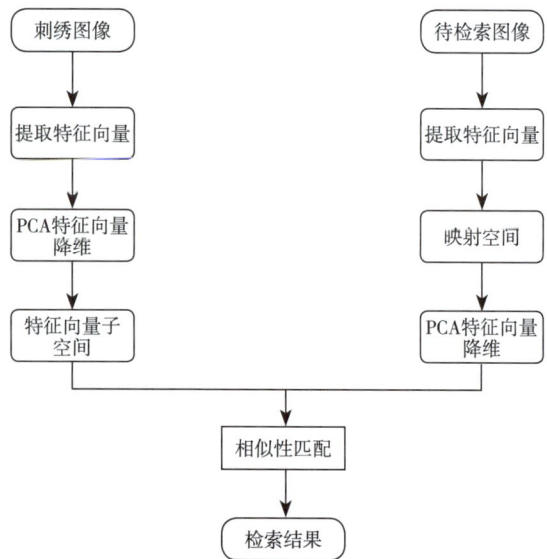

图2-16　刺绣图像检索流程

2. 提取特征向量

VGGNet[2]是目前常用的一种深度卷积神经网络，可以实现对图像特征提取。根据卷积核的大小和卷积层数，VGGNet具有A、A-LRN、B、C、D、E等6种网络结构，其中D和E两种是最为常用的VGG16和VGG19。VGG结构配置如图2-17所示，Input（224×224 RGB image）指的是输入图片大小为224×244的彩色图像，通道为3，即224×224 × 3，maxpool是指最大池化。VGG16模型很好地适用于分类和定位任务，其名称来自牛津大学几何组（Visual Geometry Group）的缩写，其结构包括5层卷积层、3层全连接层和softmax输出层，层与层之间使用max-pooling隔开，所有隐层的激活单元均采用Relu函数；pooling采用的是2×2的最大池化方法。

深度卷积神经网络					
A	A-LRN	B	C	D	E
11权重层数	11权重层数	13权重层数	16权重层数	16权重层数	19权重层数
输入（224×224彩色图像）					
卷积3-64	卷积3-64 LRN	卷积3-64 卷积3-64	卷积3-64 卷积3-64	卷积3-64 卷积3-64	卷积3-64 卷积3-64
最大池化					
卷积3-128	卷积3-128	卷积3-128 卷积3-128	卷积3-128 卷积3-128	卷积3-128 卷积3-128	卷积3-128 卷积3-128
最大池化					
卷积3-256 卷积3-256	卷积3 256 卷积3-256	卷积3-256 卷积3-256	卷积3-256 卷积3-256 卷积1-256	卷积3-256 卷积3-256 卷积3-256	卷积3-256 卷积3-256 卷积3-256 卷积3-256
最大池化					
卷积3-512 卷积3-512	卷积3-512 卷积3-512	卷积3-512 卷积3-512	卷积3-512 卷积3-512 卷积1-512	卷积3-512 卷积3-512 卷积3-512	卷积3-512 卷积3-512 卷积3-512 卷积3-512
最大池化					
卷积3-512 卷积3-512	卷积3-512 卷积3-512	卷积3-512 卷积3-512	卷积3-512 卷积3-512 卷积1-512	卷积3-512 卷积3-512 卷积3-512	卷积3-512 卷积3-512 卷积3-512 卷积3-512
最大池化					
全连接层-4096					
全连接层-4096					
全连接层-1000					
输出层					

图2-17 VGG结构配置

在特征抽取过程中，首先要建立特征向量。VGG16网络模型采用了6种块结构，每一种块结构中的通道数目都是一样的。由于卷积与全连接层均具有权重系数，故又称权重层，其中卷积层为13个，全连接层为3个，池化层不含权重。该方法的特点是：每个卷积层都有同样的卷积核尺寸，每个池化层都有同样的池化参数，并且网络模型更深层。其中，VGG16卷积网络由13个层次的卷积层、5个层次的池化层、3个层次的全连接层构成，并由3个层次的全连接层来完成分类。将一个大的卷积核替换为多个小的（3×3）卷积，一方面可以降低模型的参数，另一方面也可以增加模型的非线性映射，提升模型的拟合性能。本节刺绣图像使用VGG16提取特征向量的过程见表2-8。

表2-8　VGG16提取特征向量的过程

步骤	操作流程
Step1	对输入的刺绣图像进行图像预处理，处理成符合VGG输入格式的224×224×3的像素格式
Step2	经过系列的卷积和池化操作，形成一个7×7×512维度的特征图，接着将其进行对全连接层的输入
Step3	经过3层全连接层处理，输出一个具有4096维度以向量进行表示的特征数据
Step4	根据提取的特征向量，建立原始特征向量空间

经过三层连接层处理，输出一个4096维度的特征数据，并用向量进行表示，在此基础上，构造一个初始的特征向量空间，VGG16网络模型结构图如图2-18所示。

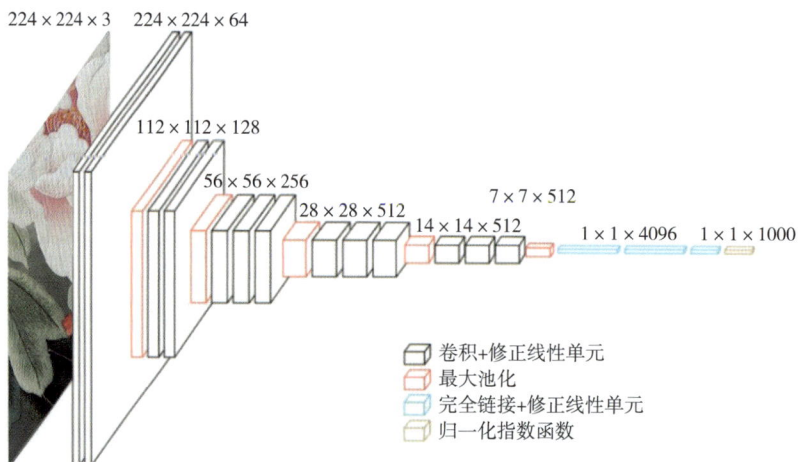

图2-18　VGG16网络模型结构图

3.PCA 特征降维

PCA全称是Principal Component Analysis，即主成分分析，主要是以一种更为精准的方式，在保证提取出最精确特征数据的原则下，数据也能够达到十分简化的效果。简化数据对图像进行分析不仅能去除特征数据中的噪声和冗余，还可以减少模型运算的时间。一般情况下，图像中会有许多不同的特征向量，将大量高维度的特征向量进行直接索引十分困难。对于庞大的刺绣图像数据集而言，降维后数据在低维下更易于处理、使用，重要特征也能够更为明显；并且复杂的高维度特征难以辨认，将其降维更便于可视化展示，还能降低算法开销。比如，假定有5个数据，在两个维度上的表现类似于图2-19所示。若要将原来为二维的数据用一维数据的形式表达出来，并尽量保持二维数据所携带的内容信息，则可用 PCA降维方式，降维结果如图2-20所示。

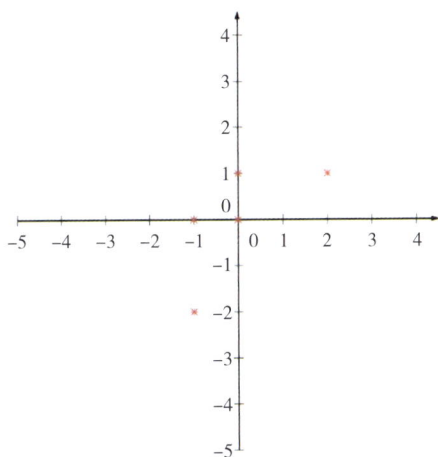

图2-19　二维向量表示

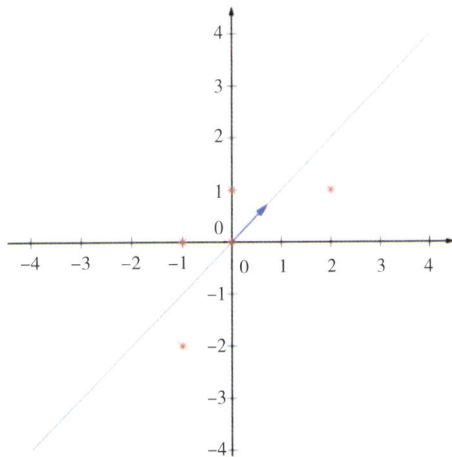

图2-20　二维数据经PCA降到一维

表2-9描述了一个常见的降维过程。

表2-9　降维过程

步骤	操作流程
Step1	排列原始数据形成原始矩阵，对矩阵的每一行进行均值化操作
Step2	求出协方差矩阵以及其特征值所对应的特征向量
Step3	将求出的特征向量按照特征值大小从上到下排列成矩阵
Step4	取得到的新矩阵的前m行组成一个新的矩阵n
Step5	新的矩阵n就是经过PCA降维到m维的数据

4. 图像检索的相似性

相似度判定的准确与否，对刺绣图像的检索具有十分重要的意义。在图像检索过程中，需要对不同类型的图像进行特征向量的对比，从而实现对不同类型图像的相似度的判定，即将两幅图像的特征向量进行对比，从而得到相似度匹配程度较高的数据。因此，一个合适的特征向量对比算法将极大地影响到图像检索的效果。理想的相似性度量应该与人类的视觉特性相一致，也就是两个视觉上类似的图像距离较小，而在视觉上不同的两幅图像之间存在较大的距离。图2-21为欧氏距离与余弦距离的三维坐标系。

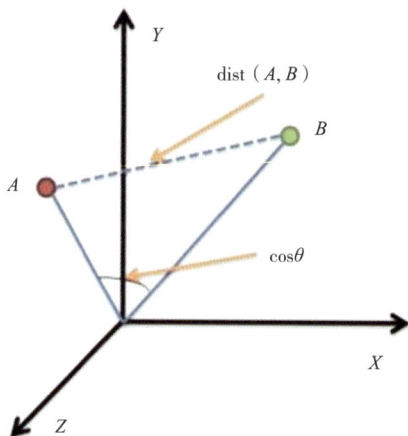

图2-21　欧氏距离与余弦距离的三维坐标系

由图2-21可知，欧氏距离是指与空间中每一个点之间的绝对距离，它与每一个点所处的坐标有直接关系；余弦距离则是指两个向量之间的角度，而非两个向量之间的距离。欧氏距离因其可以反映出不同数据量之间的绝对差别而被广泛应用于那些要求从数据量上反映出差别的检索。余弦距离在不同方向上具有较强的判别能力，对于绝对值并不敏感[19]。在进行判别时余弦距离的速度相较欧氏距离更快，因此，在刺绣图像的相似性检索中选用余弦相似性算法。

余弦相似性算法将图像描述为一个向量，并用向量间的余弦距离来描述图像的相似程度。余弦值越靠近1，则表示两向量之间的角度越靠近0，即表示两向量之间的距离越近，相似性越高。该算法适用面较广，可以处理任何维数的向量比较。

假设向量 $a_1=[A_1, A_2, A_3, \cdots, A_n]$ 和向量 $a_2=[B_1, B_2, B_3, \cdots, B_n]$ 是两个 n 维向量，那么向量 a_1 和 a_2 的夹角 θ 的余弦计算公式为式（2-8）：

$$\cos(\theta) = \frac{\sum_{i=1}^{n} \alpha_{1i}\alpha_{2i}}{\sqrt{\sum_{i=1}^{n} \alpha_{1i}^2}\ \sqrt{\sum_{i=1}^{n} \alpha_{2i}^2}} \qquad (2-8)$$

在进行刺绣图像检索时，通过将提取出的图像特征向量用式（2-8）进行计算，就能够将相似度较高的图像对比检索出来，并将检索结果按顺序排列，整理出相似度的高低顺序。

二、实验过程与结果分析

1.实验过程

（1）VGG16图像特征提取。对于特征的提取，首先要对图像进行预处理，对图像进行裁剪、去噪、归一化等操作，将其作为输入对象，然后通过卷积、池化等操作对这些经过处理后更为清晰的图像特征进行提取。深度学习的卷积神经网络模型在图像识别方面应用比较广泛，本节所采用的VGG16属于一种深度卷积神经网络模型。该模型有13个卷积层，3个全连接层，以及不涉及权重的5个池化层。

（2）PCA降维的应用。在采用主成分分析法对数据降维处理时，采用了动物意象的刺绣图像，将其中相似度前九的结果进行输出。根据不同的降维方法，分别进行了相应的研究。我们知道，主成分分析用于数据的降维处理，维数的大小决定了特征信息的多少和数据维数的多少，但这并不代表着维度降低得越多，对检索精度的影响就越小。该实验中使用了50、300、500三种不同的PCA降维检测维度，得出了相应的结果。

（3）余弦相似性的应用。图像检索是利用图像库中所要检索到的图像与图像库中的图像的相似性进行匹配。所以，选择一种恰当的相似度匹配算法，对检索的效果有很大的影响。对图像进行特征提取时，都是提取特征向量，即将图像视为一个空间中的点，用两个点之间的距离来衡量图像间相似度的高低。对同一幅图像采用不同的相似性算法，得到的结果也会有差异。因此，在衡量待检索图像与数据库图像的视觉特征匹配程度时，选取几类距离度量的方法对比，更能够探索出适合刺绣图像检索的方法。

本书重点研究了三类距离相似度方法，即：余弦相似度法（Cosine Distance）、平均绝对误差法（Mean Absolute Error）和欧氏距离法（Euclidean）。为了便于比较，每次选择一幅待检索图像作为实验数据，利用所设计的三种距离相似度方法进行相似性的计算，对比两幅图像之间的相似性，然后返回检索结果中与测试集图像相似度最接近的训练样本的前9个图像作为这组实验数据的最终结果，并保证数据集中的总数据大于9个图像。在检索时可以观察并统计所有相关图像与待检索图像的相关性，从而根据检索结果的准确率指标来比较距离相似性方法的优劣。经过多次比较后，最终选取了整体相对较优的余弦相似度方法。

2. 实验结果

根据所选择的图像相似度检索方法，进行了一系列的实验，最终得到了如图2-22所示的检索结果。从图中可以看出，本书中实验方式的实验结果与传统的检索方法相比，具有更高的准确率和检索效率，并且在检索效果上也更加稳定。此外，在搭建刺绣图像检索系统时，可以根据用户的需求，选择不同的相似性度量方式，不同的PCA降维维度，以达到更好的检索效果。

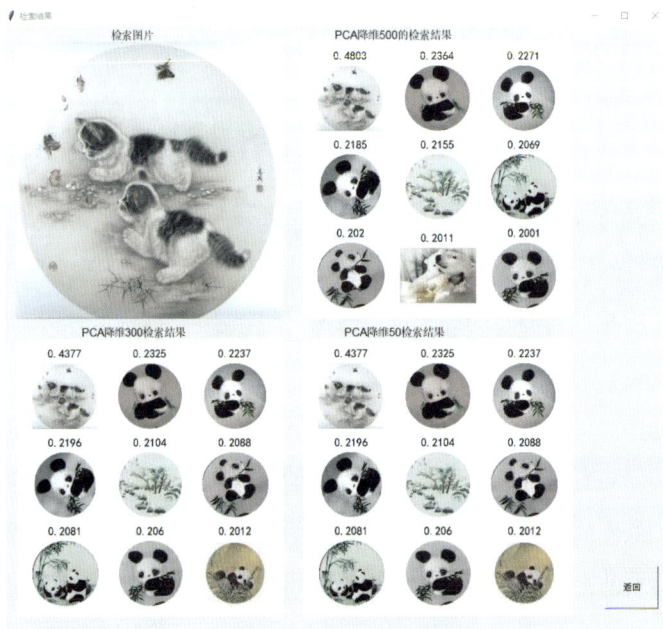

图2-22　图像检索结果

从上面的几个降维结果中，可以得出PCA降维300与PCA降维50的检索结果几乎是相同的，而PCA降维500的结果相对来说较好，它能够更好地找出与检索图片相似的刺绣图片。这说明采用余弦相似度方法得出的相似数据在图像处理中，可利用较为直观的数据用来比较图像之间的相似性。

在上述实验的基础上，同时选用了关于颜色的图像检索与PCA降维后的检索结果进行对比，对比结果如图2-23所示。

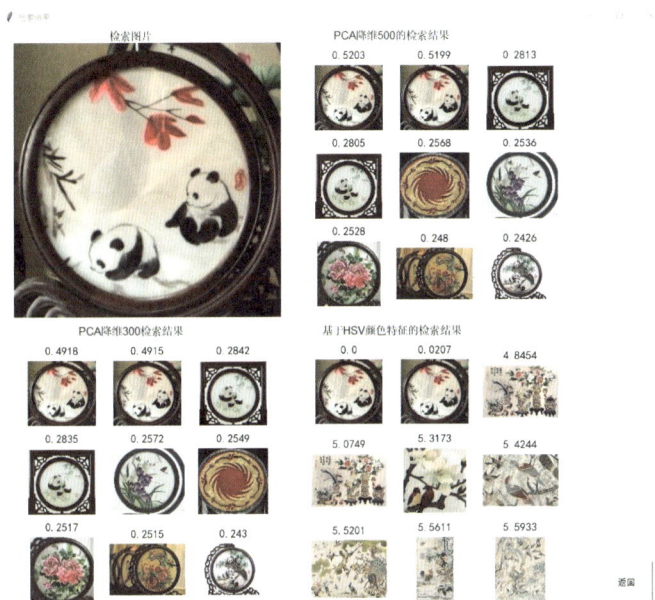

（a）

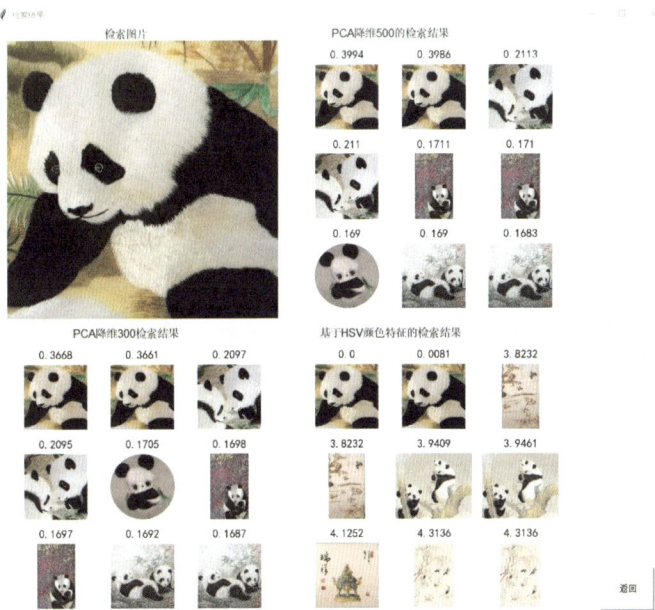

（b）

图2-23　图像检索方式对比

通过检索结果可以看出，虽然这几种检索方式都能够检索出与检索图像相关的图像，但基于VGG16降维的图像检索方式明显比基于颜色的图像检索方式更符合待检索图像；而基于颜色的图像检索能够检索的图像可能仅仅只是颜色与待检索图像相关，其刺绣所表达的图像内容与待检索图像可能并没有较大关系。此时就需要根据图像检索的目的来选择所使用的图像检索方式。若需要查找与刺绣相关的内容，如图案、绣法等，采用基于VGG16降维的方法较优；若需要查找与刺绣中某一种颜色相关的内容，如查找同种颜色绣线之间的区别、同种颜色的绣线可以使用哪些不同的图像来表达等问题时，则可以选择使用基于颜色的图像检索方法。

三、刺绣图像检索系统

本书在上述的研究基础上，设计并搭建了一个刺绣图像检索系统，用于实现对刺绣图像特征的检索。该系统的图形界面如图2-24所示。该系统主要包括四个部分：图像处理、特征提取、图像匹配和检索结果展示。该系统采用了一种基于深度学习的方法来实现对刺绣图像的检索，并采用了多种算法来提高系统的准确性。

图2-24 图像检索系统界面

在输入待检索图片时，对检索图片进行VGG16图像特征提取，并对图像进行多层卷积池化，以实现提取主要特征的目的。其次通过PCA降维，来更为精准地提取特征以减少程序运行的时间。随后进行夹角余弦相似度运算，以其结果为依据对相似度高低进行比较，选择前九个相似度较高的图像数据并将图像和数据共同显示在检索结果页面。页面中左侧为输入的待检索图像，右侧为检索出的相似图像的前九个匹配图像，其相似度数据在图像上方标注出来，用户可以根据数据等页面反馈内容来选取所需要使用的刺绣图像。

✒ 小结 ••

　　本章主要建立了刺绣图像数据库设计与内容识别检索分类库。首先，采用数据库层级概念体系对刺绣的绣种、风格、类别、工艺等建立联系，不同的层级占不同的编码个数。其次，为了满足不同群体的数据库需求，对其进行功能需求分析和性能需求分析，根据两种需求分析和层级设计构建刺绣图像数据库。介绍了基于深度学习的刺绣图像特征检索与分类库建立系统，并展示了基于ResNet50模型的刺绣图像分类和基于YOLOv4的刺绣图像检测的实验结果；最后，构建了基于深度学习的刺绣图像特征检索系统，结合第三章和第四章的刺绣风格特征与针法工艺成功地将刺绣图像中的物种进行分类、检测和检索，减轻了第五章风格迁移模型的复杂程度，提高了迁移模型的准确率。

参考文献

[1] 杜建强，胡孔法. 医药数据库系统原理与应用 [M]. 北京：中国中医药出版社，2017.

[2] 董访访，张明，邓星. 深度卷积神经网络在品牌服装图像检索中的应用 [J]. 软件导刊，2022，21（8）：144−149.

[3] Gao Y, Mosalam M K. PEER Hub ImageNet：A Large−Scale Multiattribute Benchmark Data Set of Structural Images [J]. Journal of Structural Engineering, 2020, 146（10）：133−147.

[4] Zhou B, Lapedriza A, Khosla A, et al. Places：A 10 Million Image Database for Scene Recognition [J]. IEEE Trans Pattern Anal Mach Intell, 2018, 40（6）：1452−1464.

[5] HaJJI, M, Qbadou, M and Mansouri, K. Java Free French Wordnet Library [J]. International Journal Of Advanced Computer Science And Applications, 2019, 10（2）：339−345.

[6] 贺金连. 湘西苗族服饰中凤鸟纹样的意象表征与美学特征研究 [D]. 长沙：湖南师范大学，2015.

[7] 龙叶先. 苗族刺绣工艺传承的教育人类学研究 [D]. 北京：中央民族大学，2005.

[8] 郭慧莲. 浅议贵州苗族刺绣工艺的现状和保护措施 [J]. 贵州民族研究，2006，（4）：114−117.

[9] 黄波. 苗族刺绣图案艺术的研究 [J]. 艺术科技，2016，29（6）：131-132.

[10] 魏明珠，郑荣，杨竞雄. 基于深度学习的图像检索研究进展 [J]. 情报科学，2021，39（5）：184-192.

[11] Caicedo J C C A，Gonzalez F A. Histopathology Image Classification Using Bag of Features and Kernel Functions [M]. 出版地：出版者，2009：126-35.

[12] Krizhevsky A，Sutskever I，Hintong E. ImageNet classification with deep convolutional neural networks [C]// 论文集的编者Proceedings of the Communications of the ACM出版地：出版者，2017，60（6）：84-90.

[13] He K，Zhang X，Ren S，et al. Deep Residual Learning for Image Recognition [M]. 2016 IEEE Conference on Computer Vision and Pattern Recognition（CVPR），2016：770-8.

[14] Zhou X S，Huang T S. Image retrieval：Feature primitives，feature representation，and relevance feedback [C]// 论文集的编者 2000 Proceedings Workshop on Content-based Access of Image and Video Libraries，Hilton Head，SC，USA：出版者，2000，10-14.

[15] REN Z，LEE Y J. Cross-Domain Self-Supervised Multi-task Feature Learning Using Synthetic Imagery [M]. 2018 IEEE/CVF Conference on Computer Vision and Pattern Recognition，2018：762-71.

[16] LI Y，ZHANG Y，HUANG X，et al. Large-Scale Remote Sensing Image Retrieval by Deep Hashing Neural Networks [J]. IEEE Transactions on Geoscience and Remote Sensing，2018，56（2）：950-65.

[17] Legaspi K R B，Sison N W S，Villaverde J F. Detection and Classification of Whiteflies and Fruit Flies Using YOLO[C]// 论文集的编者. 2021 13th International Conference on Computer and Automation Engineering（ICCAE），Melbourne，Australia：出版者，2021：1-4.

[18] 侯卓成，欧阳华，胡鑫，尹洋. 基于改进的YOLOv4彩色数字仪表读数识别方法 [J]. 电子测量技术，2022，45（6）：124-129.

[19] Mahdianpari M，Salehi B，Rezaee，M. Very Deep Convolutional Networks for Large-Scale Image Recognition[J]. Computer Science，2014，10（7）：1-21.

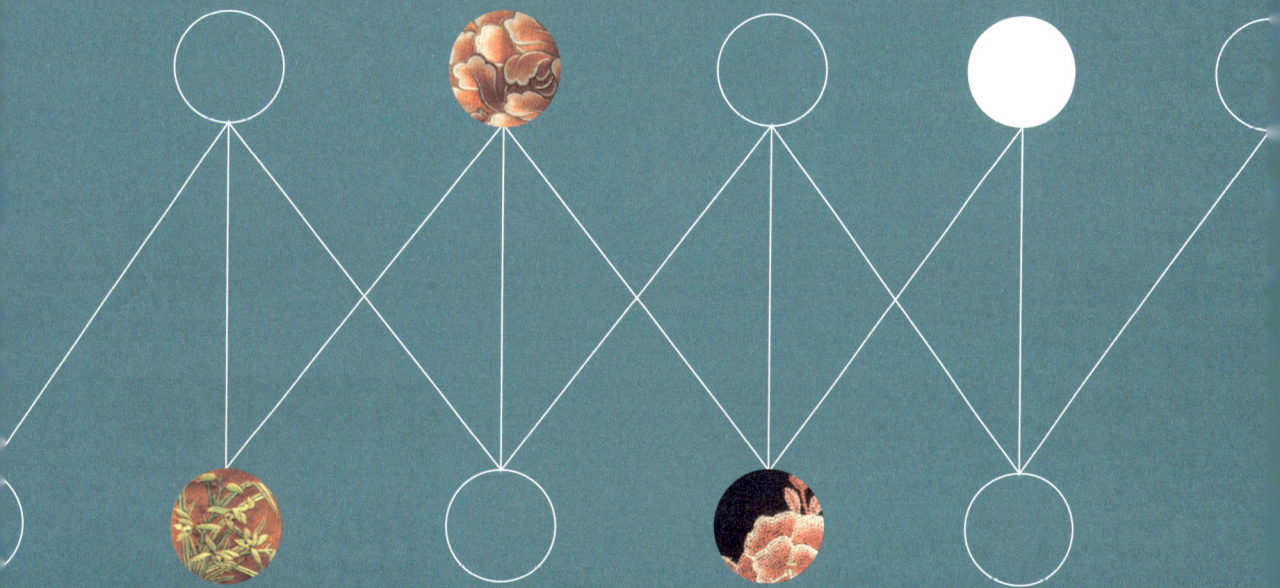

第三章

中国传统刺绣
纹样特征

近年来，随着国家对非物质文化遗产的多种保护措施，众多学者开始着手刺绣艺术文化的保护工作。由于中国传统刺绣纹样种类繁多，根据地域特征被划分为中国东部江苏省的"苏绣"、中国西部四川省的"蜀绣"、中国中部湖南省的"湘绣"和中国南部广东省的"粤绣"，以上四种刺绣合称为"四大名绣"。

针法是刺绣中运针的方法，也是刺绣线条组织的形式。每一种针法都有一定的组织规律与独特的表现效果，选用合适的针法能恰当地表现刺绣物体的质感，增强刺绣艺术的表现力。不同的针法可以表现出不同造型的色泽感、空间感和质感，色线的微微凸起，线条的转折，针脚的肌理，都能产生独特的效果。应根据不同题材及绣稿形式来选择不同针法，努力发挥各种针法独特的表现能力，增强绣品的工艺特色。

如绣猫时宜采用施针，施针线条从稀疏到稠密，在针法逐层递进的过程中线条相互交叉，恰当地表现猫松软的茸毛，如图3-1所示；绣花卉时，宜采用散套针法，因为散套针线条组织灵活，便于丝理转折自如，利于表现花卉娇艳多姿、五彩缤纷的特点，如图3-2所示；虚实针绣金鱼，姿态优美，鱼水交融，如图3-3所示；打籽针绣博古图，古色古香，淳朴浑厚，如图3-4所示；乱针绣肖像、风景，线条活泼，色彩丰富，形象逼真，层次感强；虚实乱针绣山水，淡雅恬静；戳纱针绣山水、人物，针法图案多变，装饰性强。[1]此外，如用打点针绣山水、飞禽，则清净淡雅、富有诗意。

绣品通过题材内容来体现主题、传情达意，是作者表达意境、传递审美最基本和最主要的载体。本章将分别介绍"四大名绣"的针法特征、绣法特征和题材特征。

图3-1 施针效果

图3-2 散套针效果

图3-3 虚实针效果

图3-4 打籽针效果

图片来源：百度百科、一蝉绣苏绣、《当代苏绣艺术研究》

第一节
苏绣的特征

苏绣最早起源于江苏省，具有构思巧妙、针法活泼、绣工细致、色彩清雅等特征。《姑苏志》中提到："精、细、雅、洁，称苏州绣""精细雅洁"，既是一种物质的表面观感，也是一种精神的人文内涵[2]。其中"精""细"二字指精致、细密，是苏绣精湛技艺的展现；而"雅""洁"二字则指雅致、纯洁，是苏绣在艺术层面的追求。

一、苏绣的针法特征

据苏州刺绣研究所对历代苏绣（包括宫廷绣、文人画绣、民间刺绣）作品进行的调查分析，苏绣的常见针法可归纳为平绣、条纹绣、点绣、编绣、网绣、纱绣、辅助针法七大类，四十余种。例如：

（1）平绣：包括齐针、戗针、抢针、反戗针、叠戗、平套、混毛套、集套、擞和针、施针十种针法。共同的特点是线条平铺排列，能表现大块面的图案。

（2）条纹绣：包括接针、滚针、平金、盘金、钉线切针、辫子股（即锁绣）七种。适合绣图案边框、人物头发、动物毛丝和衣服褶纹等。

（3）点绣：是指用线条绕成圈状或粒形小点，分散或组合在一起表现刺绣物象。包括打籽、结籽、拉梭籽针。

（4）编绣：是将绣线横直交错经纬线后，通过编织的形式来表现各种图案花纹。如鸡毛针编针、格锦等。

（5）网绣：是稀绣的一种，图案花纹灵活。包括冰纹针、挑花、桂花针。

（6）纱绣：是以纱为地，按格数眼进行。包括纳锦、戳纱、打点绣。

（7）辅助针法：顾名思义在绣品中起辅助与点缀的作用，需要搭配其他针法共同使用。常见的针法有铺针、刻鳞针、施毛针、扎针等。

除以上七种常见针法外，使用较多的还有乱针、虚实乱针。

（1）乱针：乱针是苏绣中新兴的针法，其主要特点是将素描的笔触、光影和油画的色彩融于针线，组成长短不一的线条，交叉重叠成形，逐层施色表现画面。乱针要求线条针针交叉，层层交叉，但必须交叉均匀，不能出现垂直交叉。线条长短可视物象而定，长可过寸许，短可至一点。色块先按轮廓块面绣制，再调整块面之间的明暗，然后逐层施色，直至形、色、质与绣稿相似。

（2）虚实乱针：虚实乱针是在乱针施色灵活、交叉变化的前提下，以线条的粗、细、疏、密来表现绣面的深、淡、明、暗，最明亮的部位采用留空不绣。虚实乱针是用更加洗练、简洁的线条来刻画绣面物象，线条感强，色彩简洁。乱针与虚实乱针适合绣苏绣欣赏品，擅长表现油画、摄影、素描等稿本。

二、苏绣的绣法特征

1. 苏绣的绣法特征

绣法是完美地表现刺绣物体的形象与特征的方法，是将针法、丝理与色彩结合运用起来的方法。除针法之外，丝理和色彩具体包括正确掌握轮廓形状、丝理转折、线条粗细虚实以及镶色等因素。这几个因素都与作品的效果息息相关，如轮廓形状不正就会影响物体形象，丝理转折处理不当就会影响物体姿态，线条粗细不当就会影响质感，镶色不当就会影响色彩和顺。这几个因素是相互联系、密切结合的，所以刺绣者除熟练地掌握针法外，还应对上述几方面加强研究、反复实践，才能完美地表现绣品的艺术效果。在一幅精美的苏绣作品中运用的技法虽各有不同，但这些形态迥异的绣技追求的都是使绣面"平、齐、细、密、和、光、顺、匀"。

民间用"平、齐、细、密、匀、顺、和、光"来概括苏绣的艺术特点，是从绣工角度对传统苏绣"精细雅洁"的艺术特征进行的一种更深入的阐述。

（1）平。"平"是对苏绣绣工的基本要求，指在刺绣过程中始终保持面与绣线的平整性，确保绣品平服如画的状态。

（2）齐。"齐"指刺绣时呈现图案轮廓清晰，针脚整齐，边界分明的画面。"留水路"是指在图案或色彩轮廓交接和重叠处空出一线粗细均匀的绣地，该技巧不仅能使图案边界清晰，还能增添绣品的立体感与层次感，凸显出独特的装饰意蕴，如图3-5、图3-6所示。

图3-5 水路处理的牡丹花图案
图片来源：《当代苏绣艺术研究》

图3-6 水路处理的兰花图案

（3）细。"细"指绣线精细，是影响苏绣作品精细程度的关键因素。"细"与苏绣绣工中的劈丝技艺是分不开的。劈丝是指苏绣绣制过程中对丝线的处理，丝线根据绣制的要求分为二分之一、四分之一、八分之一、十二分之一、二十四分之一等。绣出越精细的物体，就要劈出越细的丝线。其中，苏绣中将一根花线的二分之一称为"一绒"，而十二分之一称为"一丝"。绣制不同意象和位置需要依赖不同粗细的丝线，如绣飞鸟翅膀时，通常根部用较粗的绣线，排列紧密，越靠近尾端，排列越稀疏，绣线越细。为了凸显翅膀轻盈、灵动和有力的造型，在绣制最末端时甚至会选取一根绣线的四十八分之一。而在绣小狗的眼睛时，一般也需要使用一根绣线的十二分之一或二十四分之一，才能体现出狗的神韵。

（4）密。"密"指绣线紧密排列，隐藏线迹。"密"与实对应，其核心在于"细"，根据"惟细而密"绣出的作品才能确保绣面平滑和光洁。

（5）匀。"匀"指为了使绣面平整，需使用粗细适均、疏密一致的丝线。

（6）顺。"顺"指刺绣时应当注意丝理排列的方向，丝顺而气顺。苏绣在刺绣过程中特别强调线条的排列走向，又称为"丝理""丝缕"。刺绣主要依赖线条表现艺术效果，而由于刺绣所用的天然丝线具有绘画染料不能比拟的光泽感，不同方向的排线会形成截然不同的光泽效果，因此在绣制过程中需通过不断调整绣线排列的方向来强调丝理，这有利于体现物体转折、凹凸、阴阳向背等效果。

（7）和。"和"指绣品色彩整体协调、布局合理、浓淡适宜。

（8）光。"光"指刺绣在绣面中呈现的光泽效果。在丝线和绣面结合发挥刺绣"绘光"特长时，恰当地运用合适的针法与丝缕进行处理，充分表现绣品整体的光泽程度[2]，减少由于丝线和绣面反光带来的炫目感。

2. 苏绣的丝理特征

丝理又被称为丝缕或丝路，即指刺绣线条排列方向。线条是刺绣主要的表达形式，而丝理则展现物体的凹凸转折、阴阳向背的状态和姿势。刺绣时线条的排列方向需要和动物的毛发朝向和植物的纤维组织方向一致，须能跟随它们姿态灵活运用。如花朵有正、反、俯、仰等不同姿势，花瓣有正反瓣、凹凸不平，相同的花瓣也分正反面。若丝理的方向掌握不好，该凹的部分不凹，该凸的部分不凸，正反瓣不分，则会导致整个花瓣显得生硬松散，艺术效果差[5]。

想掌握丝理，先要找出刺绣纹样中各种物体的整体中心点，或中心线所示和部分中心点及两者之间的联系。例如，要正确掌握花的丝理，首先要找出刺绣花样中花的整体中心点和部分中心点，以及两者之间的关系，部分中心必须向着整体中心，刺绣时按照花心确定丝理方向，从而展现花朵欣欣向荣、生机勃勃的艺术效果。花心便是整体中心，每片花瓣的对分线是部分中心线，如图3-7所示。绣花瓣的丝理，即可根据局部中心线向整体中心转折，如图3-8所示[6]。

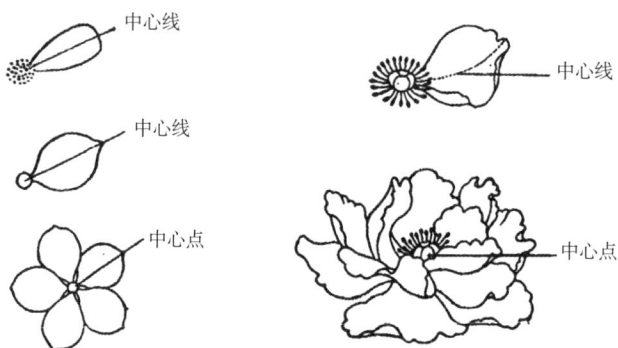

图3-7　花的中心点（或中心线）

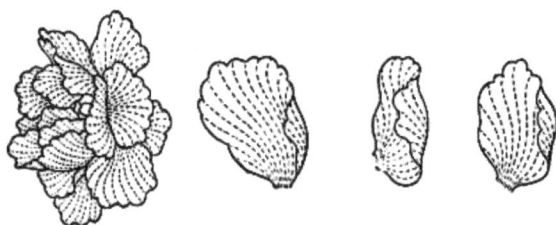

图3-8　绣花瓣的丝理

又如一只鸟，背部中心线是从嘴经过头顶中部和脊椎直至尾正中部，如图3-9（a）所示；胸部的中心线是从嘴经过下颌中部和两足直至尾正中部，如图3-9（b）所示。局部中心线是翅翼的肩部，如图3-10（a）所示；以及每一根羽毛的羽干，如图3-10（b）所示。

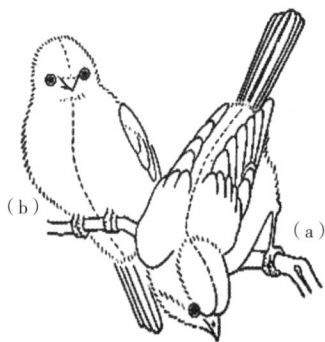

图3-9　鸟的中心点（中心线）　　　图3-10　鸟的局部中心点（中心线）

当确定了背部和胸部中心位置，就可以从中心点确定丝理的方向角度。绣鸟的背部时，丝理沿着背部中心线逐渐铺开，如图3-11（a）所示，每根线条的朝向向中心线聚拢；绣腹部的羽毛，则丝理可沿腹部中心线不断平铺，而线条的方向亦必须对准中心线，如图3-11（b）所示。翅翼毛片的丝理朝向肩部，如图3-12（a）所示；每一根毛片的丝理则以羽干中心对称成V形，如图3-12（b）所示。

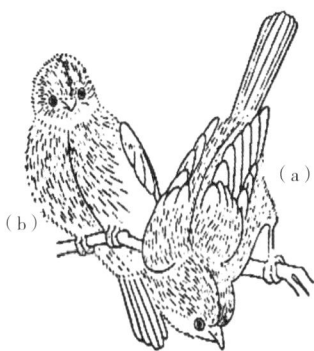

图3-11　绣鸟的丝理

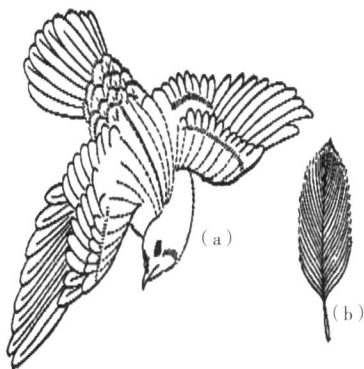

图3-12　绣鸟翅翼的丝理

寻找中心部位再确定丝理线条的肌理规则可应用于所有形态的花鸟。随着刺绣技艺的日益提高，刺绣工人在艺术实践中，不仅认识到丝理是刺绣技巧中的重要组成部分，而且通过实践，摸索出了一套丝理变化的规律，在深刻地展现花朵迎风向阳、鸟儿展翅高飞、小猫栩栩如生的生动姿态时，也增强了绣品的艺术效果。针对包含人物、风景、山水等在内的绣品，丝理需要根据刺绣对象的变化灵活掌握，如用施针绣青年、中年人像时一般采用直丝理；绣老年人像，采用顺面部皱纹的丝理；用乱针绣人像则采用斜丝理。总之，掌握丝理是刺绣技巧中的重要一环，影响绣品最终的艺术效果。刺绣工人只有在日常生活中对周围事物的细致观察，才能在刺绣时将对象的形态绣得更生动、逼真。

3. 苏绣的水路与压瓣

水路，是刺绣纹样与纹样交接或重叠处所空的一线绣地，如图3-13所示。水路是刺绣品中为加强装饰效果的一种艺术处理方法，其作用是分清前后层次。水路绣法要求齐整均匀，要让水路留在下面的纹样上。先绣叠在上面完整的纹样，再绣下面的纹样，才能保证纹样轮廓的正确和齐整，一条整齐的水路犹如一根粗细均匀的构线，增强了绣面效果[1]。

压瓣，是刺绣欣赏品纹样交接或重叠处不留水路且层层相压的一种绣法，常用于花瓣与花瓣、羽毛与羽毛交叠处，如图3-14所示。压瓣的作用是使纹样交界处无空隙而层次清晰。绣时先绣后面远的物体，针脚要跨过前面纹样的轮廓线，再绣前面近一层的纹样，轮廓边缘的针迹要又齐又密，以分清前后层次。如遇到前后两物的色彩相同时，绣后层物体相叠处的用色要深于前层，使物体展现出重叠的真实感。

图3-13　运用水路绣制的花　　　　　图3-14　运用压瓣绣制的花

三、苏绣的题材特征

丁佩在《绣谱》中就曾说："绣工之有样，犹画家之有稿，此处最宜斟酌[7]。"可见，绣娘在缝制刺绣时画稿的重要性不言而喻。而传统苏绣在"四大名绣"中能达到首位的高度，则得益于其题材的选择。传统苏绣多以名人书画为主，包括花、鸟、鱼、虫、山、水、仕女等；出现仿真绣后，绣人物肖像成为苏绣的一大特色。总体来看，苏绣可以分为纹饰类题材和绘画类题材两种[3]。

1. 纹饰类题材

传统苏绣的纹饰类题材内容丰富繁多，有的表现吴地的市井生活、戏曲场景、民间传说等，有的表现花草鱼虫、龙凤、飞禽走兽等图案，有的则是如暗八仙、八宝等表现传统吉祥意愿的图案。历朝历代中，花卉是传统苏绣中女子最常绣制的图案，通常缝制在服饰和日用绣品上，包括梅花、桃花、海棠花、牡丹花、芍药花等。在元代集宁故城出土的窖藏丝织品中发现一件绣花夹衫，上面绣有牡丹、幽兰、灵芝、百合、竹叶等花卉草木，共99个花型、大小不同的花纹图案，刺绣方法具有现在苏绣的特色。在苏州虎丘塔和瑞光塔中，曾出土有宋代苏绣经袱。虎丘塔出土的宋绣经袱有四块，都以罗织物为底料，虽已破残，但部分色彩犹可辨认。一块已泛焦黄色；一块为深赭色，绣有金黄色莲花；一块为紫色，绣有莲花、菱花；一块为深紫色，绣有菱花、莲花[2]。

在题材的选取上，多采用民间的双关语，有的则利用谐音，有的通过将有某种意义的图案结合在一起，通常这些图案的组合都被赋予了美好的寓意。如一个鸡心形状的香袋，绣着一只苏州人称之为"叫哥哥"的秋虫，寄托了姑娘对小伙子的爱慕思念之情；将绣有枣子、花生、桂圆、石榴的图案叫作"早生贵子"[3]，将蝙蝠、桃子、两枚铜钱的图案叫作"福寿双全"；把鸳鸯、藕称作"鸳鸯佳偶"，把莲花、鱼称作"连年有余"，以喜鹊、梅花代为"喜上眉梢"，以金鱼、玉兰代为"金玉满堂"，还有"称心如意""龙凤呈祥""百年好合""麒麟送子""五福临门"等，代表作如图3-15、图3-16所示。

图3-15 《凤穿牡丹》

2. 绘画类题材

画绣是一种半绣半画的绣品，画绣的开创，揭开了苏绣作为具有高度艺术观赏价值的艺术绣的序幕。它源于我国宋王朝的南迁，在三国时开创为具有高度艺术观赏价值的"画绣"，又经过唐代数百年时间的发展，到南北朝时趋向成熟。南北朝时期开始刺绣佛像，之后刺绣的题材开始转向绘画，进而出现了以纯欣赏为目的的苏绣艺术品。

刺绣艺人与书画家配合，将书画名家的绘画、书法在丝绸上用针线表现出来，达到无施不可的程度。绘画类题材主要是以著名画家的书画作品为画稿，通过刺绣再现其笔墨效果[8]。具体来看其内容又分为人物、风景、书法、宗教等，在这类题材的绣品中常常还附有名人的题词押印，充分体现了作品集绣、画、诗、书于一身的特点。以"画绣"形式出现的吴地刺绣，既体现了宋人刻意追求细腻、纤秀、柔和、清丽的审美倾向，又融入了江南吴文化淡雅隽永、玲珑飘逸、精巧工致的地方色彩。

图3-16 《喜报佳音》

图片来源：《中华锦绣 吴地苏绣》

　　南宋刺绣欣赏品目前已知的有《达摩渡江图》，如图3-17所示。在南宋的画绣中，可称为吴地苏绣中精品的当属辽宁省博物馆收藏的《梅竹鹦鹉》《海棠双鸟》，如图3-18、图3-19所示。现代画绣中有不少以花鸟为主题的刺绣品，其中代表作有《百鸟朝凤》《孔雀牡丹》《白孔雀》和《松龄鹤寿》等。

　　以《白孔雀》为例，它是由工艺美术大师徐绍青等人设计的一幅优美的工笔花鸟画。绣面以白孔雀为主体，红崖、墨竹相衬托，运用斜缠、散套和滚针等多种针法刺绣，不仅使白孔雀的每一根洁白的羽毛如受微风拂动，而且富于质感、光泽辛润，每一根纤细的羽毛都处理得恰到好处，表现出针法的细腻与严谨。整个绣面生动活泼，宛如一只真的白孔雀亭立于峻秀的红崖上，背依墨竹，昂首向阳，全身放射出银白色的耀眼光辉，栩栩如生[5]，高雅优美。

图3-17 《达摩渡江图》
图片来源：《中华锦绣 吴地苏绣》 

图3-18 《梅竹鹦鹉》

图3-19 《海棠双鸟》

第二节
蜀绣的特征

　　蜀绣起源于川西民间，又称为川绣。蜀绣是传承时间最长的绣种之一，以其精湛细腻的针法和明丽清秀的色彩形成了自身的独特韵味，绣法丰富程度居四大名绣之首。蜀绣以本地织造的红、绿等色缎和散线为原料，各种针法交错使用，施针严谨，用线工整稳重，设色典雅。

　　受地理环境、文化风俗等各方面的影响，经过长期不断发展，蜀绣逐渐形成了光亮平整、严谨细腻、浑厚圆润、构图疏朗、色彩明快的独特风格[9]。由于选料严苛、制作认真、成品工坚、料实、价廉，蜀绣长期以来行销于陕西、山西、甘肃、青海等地，颇受欢迎。

一、蜀绣针法特征

据统计，蜀绣针法有12大类，130余种之多，独具70余道衣锦针。蜀绣讲究"针脚整齐，线片光亮，紧密柔和，车拧到家"。这些传统技艺既善于表现气势磅礴的山水图景，又长于刺绣花鸟虫鱼和刻画人物形象。解放以来针法绣技又有所创新，如表现动物皮毛质感的"交叉针"，表现人物发髻的"螺旋针"，表现鲤鱼鳞片的"虚实覆盖针"等，大大丰富了蜀绣的表现形式和艺术风格。

1. 蜀绣的基本针法

蜀绣的传统针法具体可以分为绣点和线条的针法、绣平面的针法、掺色的针法、车拧针类、覆盖针类、缠绕针类、钉线类、施针类、鳞甲绣法类、拴针类、补绣类、锦纹针类等12大类针法[10]。具体种类详见表3-1。

表3-1 传统蜀绣针法分类及简介

序号	名称	种类	针法介绍
1	绣点和线条类	包括点子针、接针、滚针、松针	以很细的线迹形成点子，常用于点缀花蕊等纹样
2	绣平面类	包括铺针、齐针、盖针、参针等	用绣线迹覆盖纹样，在纹样上起颜色来绣平面的绣法
3	掺色和色类	包括掺针、晕针、二二针、三三针、二三针	指在一个颜色的绣面里掺入另一个颜色以形成颜色过渡的绣法
4	车拧针类	车拧针	是一种利用"旋""转"运针的方法来表达圆、曲线、曲面等弯曲形态的针法
5	覆盖针类	包括齐盖针、架盖针、扣针、覆盖针、垫绣	用于绣人物脸、手等表现皮肤的晕色的绣法
6	缠绕针类	包括锁针、打子针、卷线绣、锁边绣、黄鳝骨针、包梗绣、绕针	绣线都需要在针上缠绕，是一种针线相绕、结环成绣的绣法
7	钉线类	钉线绣	是指使用较粗的绣线在布面上盘出图案，再另外用细线使用短平针将其垂直固定的绣法

序号	名称	种类	针法介绍
8	施针类	包括施鳞针，施毛针	是指施加于其他针法之上的针法，是高档装饰画绣中常用的针法
9	鳞甲绣法类	包括刻鳞针、盖鳞针、晕鳞针、施鳞针、虚实针、纱针、断针、乱针、十字针	是绣鳞、羽类的针法
10	拴针类	包括直拴、平拴、斜拴	是用来固结绣线的针法。一方面固定长绣线，同时纹样于辅助装饰
11	补绣类	包括绣补、锁补、扦补	是把已绣好的绣片缝缀在底布上的一种绣法
12	锦纹针类	包括编织锦、拉花锦、龟背锦、拴花锦	是指模仿织锦的纹样和纱线肌理来表现花型的一种绣法

2. 蜀绣针法的使用

蜀绣针法分为12大类，122种传统针法，是一个长期积累形成的丰富而高技术的针法体系。用线极细，绣面几乎看不到针脚，视觉上极为平整光滑。蜀绣针法灵活，适应力强。各种针法交错使用，变化多端，表现出绣品的粗细相间、虚实结合的特点。一般采用绸、缎等作为面料，并且根据绣物的需要，制作程序、配色、用线各不相同。

蜀绣常用晕针来表现绣物的质感，体现绣物的光、色、形，把绣物绣得惟妙惟肖，如鲤鱼的灵动、金丝猴的敏捷、人物的秀美、花鸟的多姿等。由于晕针针法长短不一，每排长短不等而针脚紧密相接，更能体现事物的立体感和真实感，淋漓尽致地刻画对象的光、色、形，善于表现色彩晕染，表现出不同的光、洁、粗、细、软、硬、松、散等质感，更好表现绘画效果[9]。

斜滚针是蜀绣的最基本的针法之一，两线紧靠，形成条纹，适宜表现花藤、叶筋、水波、松针等；衣锦纹针，适合绣各种装饰图案；切针，适宜表现透明的轻纱、薄雾、水泡；铺针，具有对折闪光的效果；参针，装饰性强。此外，常用的还有花针、虚实针、乱针、斜针、滚针、沙针、辅针等等。各种针法交错使用，变化多端。用针的丰富、绣法的独特，全面地展现了蜀绣独领风骚的技艺之美。杨德全创作的《芙蓉鲤鱼》是蜀绣鲤鱼图案的代表，如图3-20所示。每绣一条鲤鱼，就用了近10种针法，使鱼的各个部位都能表现出不同的质感效果，上下沉浮，动静相交，远观近看皆活灵活现、呼之欲出。丝线的粗细、针法的变化、色彩的过渡浑然一体，完美体现了针法和绣线、绘画和刺绣的水乳交融。

图3-20　杨德全《芙蓉鲤鱼》

蜀绣还采用"线条绣"，在素白的软缎面料上运用晕、纱、滚、藏、切等技法，以针代笔，以线作墨，表现绘画中用笔的大小粗细和水墨的浓淡干湿深浅，也表现传统书法中的沙笔飞白，绣出来的花纹线条流畅、色调柔和。不仅增添了笔墨的湿润感，还具有光洁透明的质感。蜀绣从最初的单面绣发展到双面绣、异形绣、异色绣，甚至到达最高境界的双面异色异形异针的"三异绣"，在薄如蝉翼的透明丝绢上见证了正反两面图案、颜色、针法截然不同的神奇技艺。

二、蜀绣绣法特征

绣法是完美地表现刺绣物体的形象与特征的方法，除了对针法的运用外，还包括正确掌握轮廓形状、丝理转折、线条粗细、虚实排列以及镶色等因素。线条选择的不同、运针方法的不同，绣面将产生不同的效果。绣制时的绣线可粗至一绒，亦可细至一丝、半丝。同时，即使是同一色级，同样粗细的色线，因线条交叉的角度不同，也会产生不同的色泽效果。任意一根垂直方向的线条较之水平方向的线条色度要亮。在绣制时，绣者通过恰当地运用线条交叉的倾斜角度可表达物体的不同质感。为表达绣面上的远近层次，绣制时要做到线条、色彩、运针都有区别。

蜀绣的刺绣技法秉承了几千年的传统，由于地理环境、人文风情等各方面的影响，逐渐形成了自己独特的技艺和风格[11]。蜀绣的各种针法要根据画面要求应物施针，针脚整齐、线片光亮、紧密柔和、车拧到家。"针脚整齐"中针脚指刺绣中每一针绣出的线条，刺绣时下针的针脚要整齐，如刀切斧断；"线片光亮"指的是绣出的线迹在布面上铺成一片，线片要平整无毛丝，反光才明亮；"紧密柔和"反映了中国传统刺绣针法的基本法则"排比其针，密接其线"，即所绣出的丝线要排列紧密，由不同颜色彩丝混合出的颜色要掺色柔和；"车拧到家"中"车"和"拧"都是四川方言，表"旋""转"之意，"车"指绣品的点睛部位，自点睛处起针向四周扩绣，以达到"神似"的效果。"拧"更为讲究，是指运用长短、深浅、浓淡不同的针从外围逐渐向内添针或减针[12]。不管是一片叶子还是一个花瓣，针线是一顺地展开而非横竖交叉。薄处透亮，厚处立体，看起来圆形从边缘到中心十分自然地收缩而针脚整齐，强烈地呈现出物体的生动变化，使得绣品浓淡适中，张弛有度，疏密得当，产生水墨写意的绘画艺术效果。"车拧到家"的意思是指当纹样为圆形或弯曲形状时，线迹要随纹样走势旋转、弯曲，旋转的角度要到位，使纹样绣

图3-21 《太阳神鸟》

制得以和谐自然。代表作有《太阳神鸟》，如图3-21所示。

　　蜀绣在刺绣时还讲究抻线松紧得当，每根丝线的张力要均匀一致，针脚疏密合适，以使丝线张力均匀、光泽明亮、线迹排列均匀整齐，即所谓"内紧外松，密不打堆，稀不露底"。蜀绣固然针法严谨但也并非故步自封、保守不前，它善于吸收外来营养，不断丰富自己，历史上多次与顾绣、苏绣等绣种交流、融合，极大地促进了蜀绣针法的完善和发展。近年，蜀绣又借鉴、学习了苏绣的双面绣绣法，发展了有自己特色的双面绣、双面异色绣、双面异形异色绣等蜀绣新类别。蜀绣这种善于学习的特质恰是其历经几千年不衰的原因。

三、蜀绣题材特征

　　蜀绣绣品以画稿图案为基础，时常得到画家的支持，中国古代一些优秀的山水画家给蜀绣提供了不少刺绣题材。清政府于光绪二十九年（1903年）在四川省成立了劝工总局，内设刺绣科，聘请绘画名家设计绣稿，同时钻研刺绣技法。当时一批有特色的画家的作品，如刘子兼的山水、赵鹤琴的花鸟、杨建安的荷花、张致安的虫鱼等都曾入绣，

既加强了蜀绣和绘画的结合，也大大提高了刺绣表现绘画的技法。文人画的超凡脱俗的审美趣味和蜀绣追求的精致细腻、典雅秀丽的艺术风格一致，使得很多绘画韵味浓厚的作品问世，如蜀绣代表作之一《蜀宫乐女演乐图》，如图3-22所示。因此传统蜀绣题材中类似传统

图3-22 《蜀宫乐女演乐图》

国画的分类，多为花鸟、山水、人物等。

　　近代蜀绣的题材囊括了动物、植物、人物故事、自然环境、建筑、器物、史字、几何图案的所有类别，蜀地常见的、人们喜爱的且具有吉祥寓意的素材则会被侧重选用，以创造绘制成人们认定的代表吉祥如意的图案蜀绣纹样，这表现了人们追求美好事物的心理需求，如牡丹代表富贵，鸳鸯代表爱情，蝙蝠代表幸福，桃子代表长寿，喜鹊代表平安，鸾凤代表美丽繁盛，盘长代表通明，石榴代表多子，梅、兰、竹、菊分别代表傲、幽、坚、淡的君子品质，松柏代表常青等。其象征意义表达了人们的祈福观念、心中所愿和审美情趣。蜀绣纹样素材通过谐音、形意等手法来表达对美好事物的某种寓意，如凤代表美丽，龙代表权威尊贵，鹿代表禄位、高贵，鱼代表富足，鹤代表长寿、和睦，蝴蝶代表多子，佛手代表福，回纹、万字纹代表光明吉祥、连绵不断等。在蜀绣中大量运用以上素材，与蜀人独特的语言文化、自然人文风情密不可分。

　　因此，一幅完整的蜀绣作品具有十分浓郁的蜀地特色。例如，蜀绣纹样中经常使用芙蓉，这是因为川蜀地区气候适合芙蓉生长，同时，也因为芙蓉谐音"福"，代表了幸福。熊猫和金丝猴是蜀地特有的珍稀动物，是蜀绣中最常见的题材。以"少不入川，老不出蜀"著称的巴蜀休闲文化，让匠人们更多地将大熊猫、鲤鱼这样的动物作为刺绣题材，体现出与自然和谐相处的思想。人物类的素材广泛也被运用在蜀绣中，如具有川蜀地特色的川剧人物、川剧脸谱以及故事情节，这类素材多被用于被面、灯罩上。人们通过不同的组合方式形成他们心中认定的吉祥图案。表3-2分类中所囊括的素材为传统蜀绣常用且偏爱的素材，如图3-23~图3-30所示。

表3-2 传统蜀绣常用素材

类别	例图	常用素材
动物类	图3-23 杨德全《单面绣金丝猴》	龙、风、虎、鹤、喜鹊等
植物类	图3-24 单面绣《荷香消暑》	梅、兰、竹、松、葫芦等
人物故事类	图3-25 康宁《国色天香》	老人、孩童、仕女、神话人物等
自然环境类	图3-26 单面绣《家在山水间》	云、太阳、山、水等
建筑类	图3-27 单面绣《吊脚楼》	房、亭、楼、阁、寺等
器物类	图3-28 单面绣《妙绝红釉花瓶组图》	花瓶、花篮、镜、琴等
文字类	图3-29 《前出师表》	诗词歌赋、名人字、对联等
几何图案类	图3-30 服装上的云纹装饰	三角形、回纹、卷云、万字纹等

图3-23 杨德全《单面绣金丝猴》

图3-24 单面绣《荷香消暑》

随着蜀绣技艺的改进与发展，绣品题材也越来越丰富，为了满足现代市场的个性需求，蜀绣的题材更加宽泛，表达的寓意更加深刻。有参照工笔画的特点进行创作的，亦有模仿

图3-25　康宁《国色天香》

图3-26　单面绣《家在山水间》

图3-27　单面绣《吊脚楼》

图3-28　单面绣《妙绝红釉
花瓶组图》

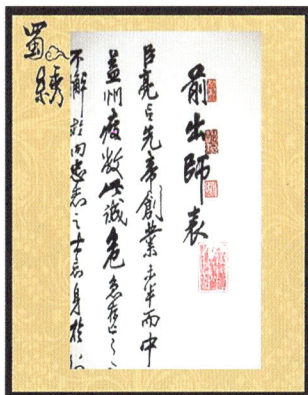

图3-29　《前出师表》

图3-30　服装上的云纹装饰

油画的逼真写实作品[14]。在成都蜀绣博物馆，从手掌大小的绣品，到挂在整面墙的巨幅作品，从生活使用的蜀绣扇面到精美收藏品，现代蜀绣的表现形式多样，题材也更加丰富。蜀绣传承人不断地在创作、思索、创新，让流传了千年的技艺，在如今依然焕发光彩。

第三节
湘绣的特征

一、湘绣针法特征

湘绣艺术的特色主要表现为生动形象、真实、层次感强。它以画稿为宏伟蓝图，在强加于画稿原色的基础上重构造型。因而,其独特的手艺就在"施针用线"之中。刺绣绣法变幻无常,以混针为主导,逐渐发展到70多种绣法。根据各种不同绘画题材,选用不同类型的湘绣技法和不同等级的绣线(绸缎或毛线)。绣法的特殊感染力和绣线的光泽,不但保留了刺绣物像原有的墨笔神韵,还通过刺绣工艺增强了物像的代入感和层次感。

湘绣主题广泛,设计风格多种多样,丰富多彩。"以针为笔,以缣素为纸,以丝绒为颜色"[15],刺绣充分发挥了混合针的三色功效,用各种本色的花式纱线调和了层次感。同一种颜色由深到浅、由浅到深的变换,越来越容易混合,表现出均匀层级,创造出各种各样艳丽夺目的颜色。用一号深色线和二号深色线刺绣,其连接应疏松,相互交错,不留痕迹,颜色融洽。交接线不能太长;平行线不能太长也不可过短,这也是湘绣和其他绣法的基本区别,是湘绣的特征之一。

刺绣线条的应用、大小、色彩不一样,可适当浮夸。湘绣工人劈线是一种特殊工艺,刺绣的细致与此项工艺的日益发展紧密联系。用手指画线,可以分为二开、四开、八开、十六开等。散开后,断掉两根线,虽然无法区分,但刺绣的质量标准统一,注重展现主题风格,明暗度自然变化,阴阳浑然一体。

(一)湘绣的基本针法

1. 平绣

(1)直针。直针是从图案设计轮廓边缘的一端爆出到另一端的轮廓。字绣、半永久纹绣、水绣常见线,针迹密切,常见颜色比较单一,如图3-31所示。

(2)掺针。掺针是湘绣的基本绣法之一,由李仪微首创。掺针由扎针混合而成,该绣法可以达到针迹相掺、深浅色阶混合、色彩渐变的实际效果,囊括了湘绣的大多数绣法[16]。从深到浅,用颜色最深或最浅的绣线起针,从边沿向内平行面或呈放射状排序,随后顺着深层绣不同的颜色。后针过正中间混合,伸缩处线不能太长,也不可过短,以获得渐次划分色阶的效果,针脚隐藏在绣线下,不会暴露在绣面,经常被用以表现所绣物象的颜色从明到暗的转变,如图3-32所示。

(3)平游针。依据原图图案的形状和趋势首先确定边缘针路走向,按掺针的方式顺着轮廓针路绣出物体的明暗和色彩关系。平游针不但用以绣粗壮树干和掌形的叶子,也用于绣制衣服裤子的图案和复杂花等,能很好地表现衣皱阴影的阴阳变化、叶片转折、花瓣层开,层级清楚,层次感强,如图3-33所示。

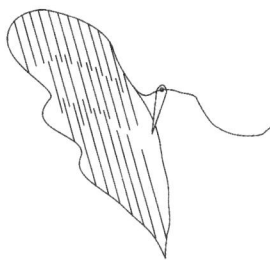

图3-31 直针

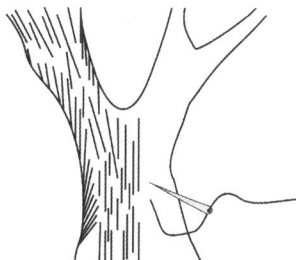

图3-32 掺针

图3-33 平游针

（4）旋游针。旋针是刺绣动物眼睛的独特刺绣针法。旋针能够大胆地用颜色表现出动物眼睛的特征，全透明水晶体的质感、双眼的高光、亮点等皆由刺绣的线条颜色来表现。用这种方法刺绣出的双眼，颜色比较丰富，变化十分细微，动物的眼睛被绣线表现得栩栩如生。用此种绣法刺绣动物的眼睛时通常以眼瞳为中心，并用滚针的方法遮盖。第二根针从第一针绣线的中间起针，并从第一根绣线正中间越过，绣线细，针脚短，针脚、针眼也需要相互遮挡住，如图3-34所示。

图3-34 旋游针

（5）离缝针。运用绣线上色的特点，紧紧围花蕊绣，在挨近花蕊的地方和花的外围转换颜色，起到修饰作用，在各部分的交界处留有空隙，以表现物象的层次色调，如图3-35所示。

图3-35 离缝针

（6）打眼针。首先用柳针绣一个小圆，再换织毛衣的针落在小圆里，用小孔、直针围住小孔的边缘绣好。将柳针所绣的小圆圈缠绕成一个正规的圆孔，打眼针主要运用于绣花朵的花蕊，如图3-36所示。

（7）盖针。盖针是表现某些物象上的斑纹的针法，最先用掺针或其他针法绣好基本颜色，然后根据斑纹的颜色和位置加绣一层。如图3-37所示，常用于绣有斑纹的动物。

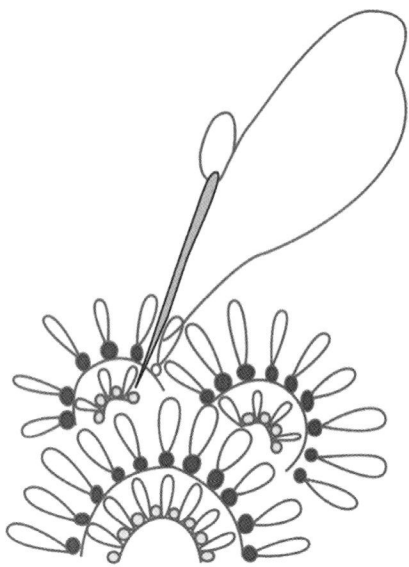

图3-36 打眼针

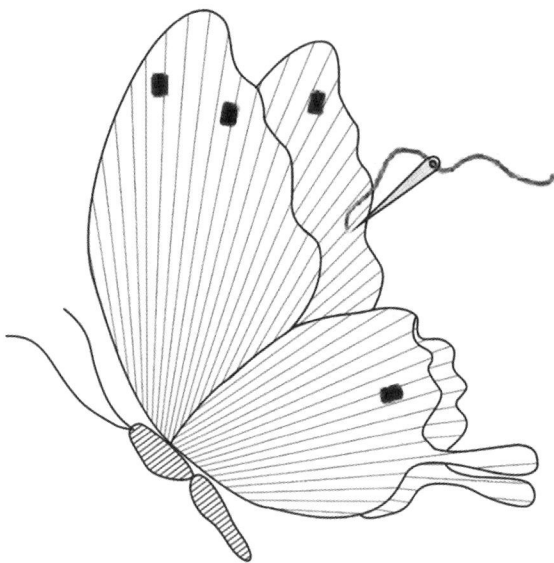

图3-37 盖针

图3-38 钳鳞针

（8）钳鳞针。用铺针绣物象的底层，依据鱼鳞的形状，用钉针或柳针绘制鱼鳞的线条和轮廓，用颜色比下一层暗或浅的绣线沿着钉针或柳针绣一层齐边。钳鳞针适用于绣鱼、鸟、龙等身上的鳞纹，如图3-38所示。

（9）毛针。毛针是刺绣鸟类物象的关键针法之一，由混针演化而成，具备层次丰富、转变灵活度相对较高的特点。毛针刺绣方式：从头开始收针，按照毛势走向绣动物的尾部，针路方向需根据毛势确定，每根针都藏在前一针的针路下。如图3-39所示，毛针所绣绣品呈不齐不乱、栩栩如生的毛绒状态，毛感独特。

（10）髹毛针。髹毛针刺绣方式：将绣线劈成极细的丝，使针呈放射状撑开，撑开的一头用线较粗、排列较疏，另一头用线较细、排列较密，并把线藏起来，先用不同颜色的绣线铺满绣面，再层层加绣[16]。保存背景色，在其间位置留出一点上一层的底色，再先后插针加

图3-39 毛针

绣，交叉的部位有凸起的效果，如图3-40所示，层次丰富，颜色浓淡变化自然。绣虎时70%以上的黄毛部位使用此类针法。下颚、胸腹等其他部位的刺绣针法，应与髯毛针法相协调，妥当区别，表现层次感。

（11）平行针。此类针法用以山水国画中房屋的平瓦屋面，能真实有效地表现出分布规则且平整的瓦块。

平行面用粗线，按平瓦屋面局势斜铺地面，一针顶在头上，线要平行于面、排列较密、平整，防止外露刺绣图案。用比斜杠稍细、稍暗的四色线框，沿斜杠水准拖出。长短也从一针到一针，每两根水平线维持适度的距离，相互平行，最后用水平线等线。每隔适度的距离，在水平线上沿对角方位打针。两根针的间距比两根水平线短，水平线固定不动，便于表现方形的平整的砖。线距、水平线和针角距离的尺寸取决于图案的尺寸，如图3-41所示。

图3-40　髯毛针

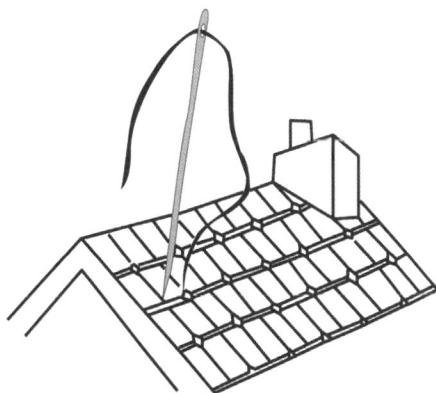

图3-41　平行针

2. 扭绣

（1）链锁针。如图3-42所示，在1处出针，绕一圈后又从1处落针，再从2处出针，针从前面所绕的线圈穿过，抽针引线绣成一环，重复以上刺绣方法，环与环之间相互嵌套，形成连锁状圆形，互相啮合变成传动链条的形状。这类针法适合绣物象的轮廓和其他花纹。

（2）套圈针。最先用铅笔在面料上轻轻地定一些点，索套要用多个圆构成图案。第一次固定不动后，依次进行第二次、第三次刺绣，然后将每一个小圆相互之间遮盖，不可把刺绣线拉得太紧，如图3-43所示。

（3）梯形连针。如图3-44所示，从1处出

图3-42　链锁针

图3-43　套圈针

针，绕一圈，从2处落针，从圈内3处出针，又绕一圈。从前一圈内的4处落针，持续形成梯状。此类针法不但可以用于刺绣图案的边缘，还可以用于绣饱满的玉米粒和葡萄等。

3.结绣

（1）圈子针。从刺绣的反面发针，在刺绣的正面吊线，从针头的起点往右边旋转一周。圆形的大小由图案的需要确定。必须从被围绕的圆形下越过。最终一针出针于线圈里，抽针引线即成，常用于表现绵羊的卷毛，如图3-45所示。

（2）打籽针。刺绣时由绣料的反面向正面出针，用手拿住绣线的尾端，在针头上盘绕2~3圈，再于发针处落针，将线收紧，在绣料的反面抽针，如图3-46所示。打籽针主要用于绣有青山绿水图案的落叶、青苔、石蕊等。

（3）滚筒针。滚筒针的绣法和打籽针类似，但这种绣法所绣图案的形状较长，用绣线绕针时需多绕几圈。此外，落针与发针距离较远，如图3-47所示。滚筒针多用于绣小花和其他花纹。

（4）三套结针。如图3-48所示，在刺绣材料的反面逐渐缝线，使引绣线在刺料上缠绕成8字形。用针和线从8字两个圈节点处的下方引入，并在三个环套中间穿针，使针落到发针的位置，然后将绣线收紧，三套结针常用于图案的部分点缀。

（5）连环结针。如图3-49所示，绣线

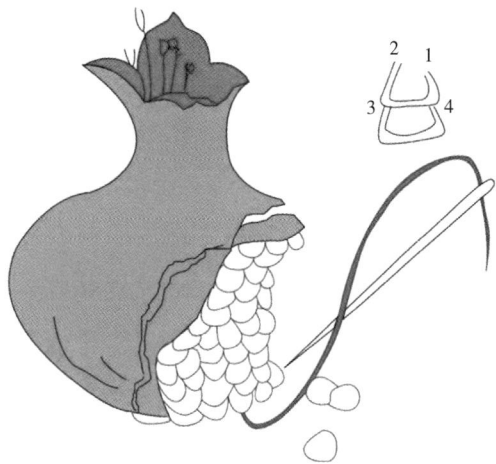

图3-44　梯形连针

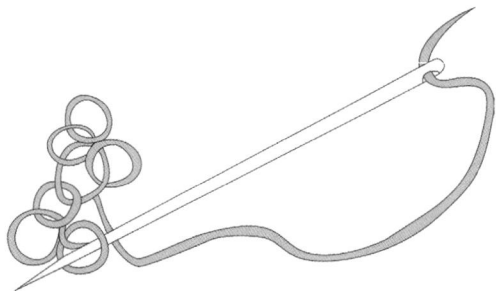

图3-45　圈子针

图3-46　打籽针

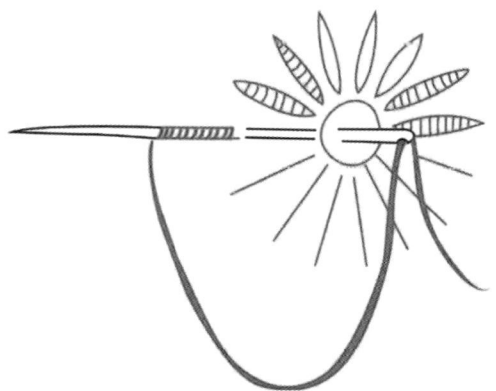

图3-47　滚筒针

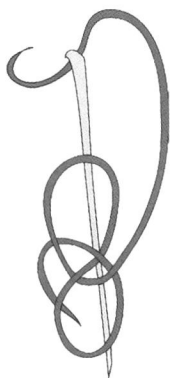

图3-48 三套 结针　　图3-49 连环结针

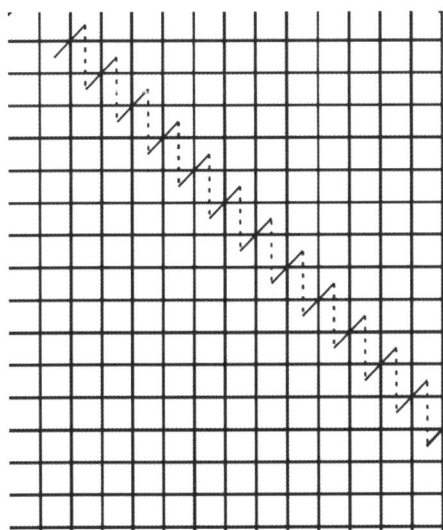

图3-50 十字针

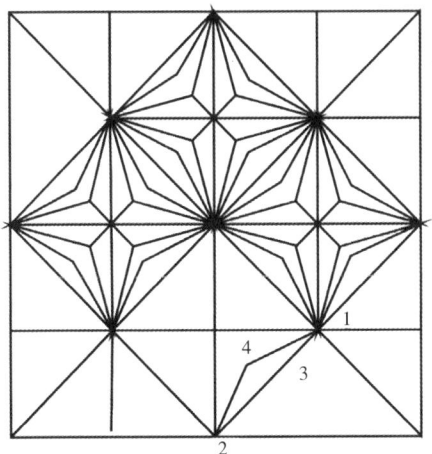

图3-51 三角网针

从1处出针，于2处落针，3处出针，然后以针引线，按照如图3-49所示的形状和方法环绕两次，依规刺绣，并将环连接起来。连环结针也被用于刺绣图案的蕾丝边和线条。

4. 网绣

（1）十字针。这是网格刺绣中不可或缺的协助绣法，除固定绣线位置不动和丰富绣花线外，同时可以使网绣的色调与花纹更加丰富，十字针技巧简易，针脚短，不分颜色，如图3-50所示。

（2）三角网针。如图3-51所示，首先在物象上用织绣法织成若干个面积相等的小三角形。且在每个三角形的方格内，在1处出针，2处落针，再在3处出针，4处落针，以此绣完每个三角形方格，构成了有若干三角形的网状结构。此种绣法适用于绣古代服装花纹和图案性花纹。

（3）四方网针。绣法大致与三角网针一致，四方网针仅以方形的图案为基础，构成了许多连续的三角形、正方形网格图。此外，每一个格子的四个角能够加绣不同颜色的十字针，提升装饰观感，适用范畴与三角网针相同，如图3-52所示。

（4）六角网针。首先依照蜂房状编织方法织成连续的六角网，然后用三组直线根据蜂房织法，将第一个蜂房状网格分割成连续的三角形网格，然后根据图例规律，在各小三角形网格内如法网般连接。该物象必须通过好几条颜色线进行拟合，且适用范围和三角网针类似，如图3-53所示。

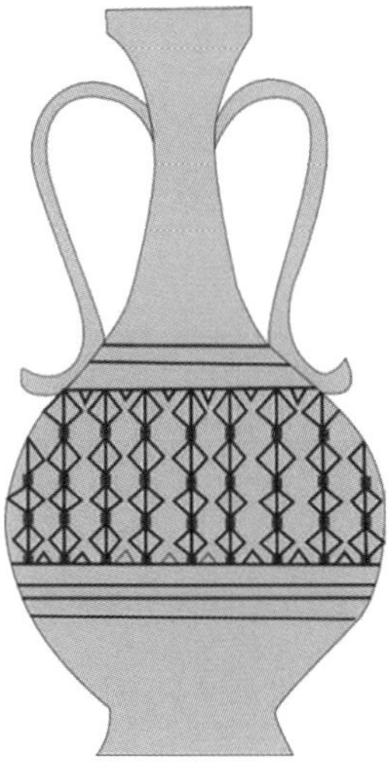

图3-52　四方网针

图3-53　六角网针

图3-54　桂花针

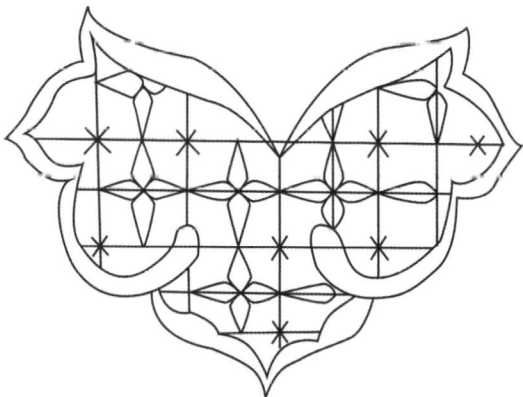

图3-55　梅花网针

（5）桂花针。用线框绣成正方形的方格，坐落于各自的相交点。若用十字针的绣法，可以自由更改绣线颜色。这类绣法主要用于绣制向日葵、黄菊花、云朵等图案，并应用于服装和装饰设计，如图3-54所示。

（6）梅花网针。梅花网针也是先用平织法织成若干个正方形的方格，从每一个正方形或四个小正方形组成的大正方形的角度，依照桂花针织制标准，用另一种颜色的线织成斜正方形，并用十字针固定斜向正方形。十字针的颜色应当加以区分，构成色系和谐的图案，如图3-55所示。

（7）雪花网针。首先用蜂房织法织成网状，再用三组直线按蜂房织法织成连锁的三角网状，使样子变

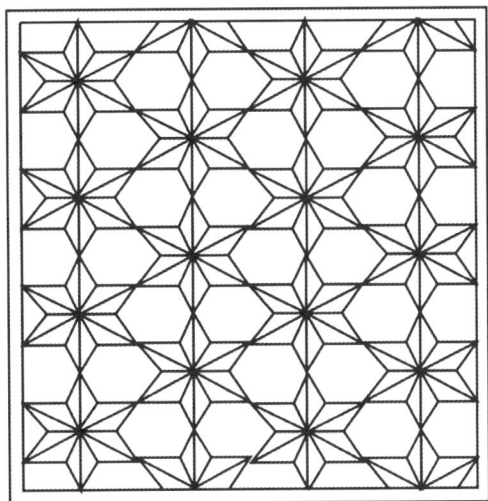

图3-56　雪花网针

图3-57　连环网针

图3-58　古钱网针

为六角形，六角形的周边产生六个等边的六角形，像两种不同形状的雪花状结晶，如图3-56所示。运用雪花网针时，若颜色选择合适，则图案更为漂亮。

（8）连环网针。首先用蜂房织法将三根线丝织出六角网，再换另一根颜色不同的绣纱在三角形网上结成三个菱形，用三比针法将不一样颜色的线丝在每个六角形上织一针，在六角形中间用最艳丽的线丝绣上十字针，即形成连环网状图案，如图3-57所示。

（9）古钱网针。首先用平织法编制多个正方形的方格，在每个方格的四角用其他颜色的线刺绣十字针，不必连接各十字针。然后用另一种颜色的线把中间连接成小一点正方形方格，即构成不同图案，如图3-58所示。

5.织绣

（1）平织。平织织法与织布相同，但经线两边间距不相等，纬线更加紧密，才能得到合适的花瓣形状。经线、纬线均可呈紧密排列，纹路呈斜向为宜，如图3-59所示。这类绣法可以自由更改，能够编织成各种各样花纹图案和多种形象虫类小动物。因而，平织的表达效果在于刺绣者可充分运用自身的智慧和创造力。

（2）交织。交织法所织成的绣品与三比针所织成的绣品形状相似，但针法上却与平织法更近。三根经线为一组，纬线每隔三根交织三次，再将浮在纬线上的三根经线压下去，同时将压在纬线下的三根经线挑上来。再用纬线交织三次，按照此种织法循环。交织的规律可以自由变化，经纬纱线根数也是可以随意调整和更换的，但一切图案，都必须保持既定的交织规律，才可以编织成漂亮的花纹，如图3-60所示。

（3）对织。对织可以直接将两道或两道以上的偶数条主线固定在绣面上，随后来回对织，或相互交换主线对织，如图3-61所示。这类编织方法主要运用于绣线条和装饰性的小花。

（4）草鞋织。依据图案上花瓣尺寸，在花瓣尖端钉5~7根主线，用纬线如同编织草鞋一般，织成椭圆形花瓣，将末端钉牢，形成花朵状纹案，如图3-62所示。

（5）梳子织。梳子织的绣法使用木梳套住绣线作经线，如图3-63所示。经线数量取决于花瓣的总宽。用纬线平织织出花瓣的大小后，除掉木梳，绷紧线，形成有凹痕的花瓣，制成在刺绣表面凸起的花朵。也可以在花瓣下铺着棉絮，分层次钉在绣面上，看上去和花的实体一样。用这种钉法绣的花适合装饰在手拎包等日用具上。

（6）回纹织。这类编织方法并没有经纬差别，仅仅一根线循环盘绕在一起。编织要根据一定的规律，反面成珠状，如图3-64所示。这种绣法正面和反面都适用，尤其是反面比较合适使用。如果用稍透的绸缎材料刺绣时，正面针路相衬，具有装饰艺术感。此种绣法主要

图3-59　平织

图3-60　交织

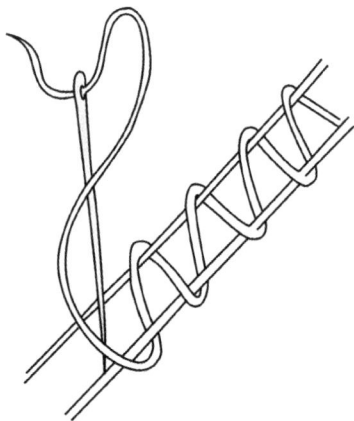

图3-61　对织

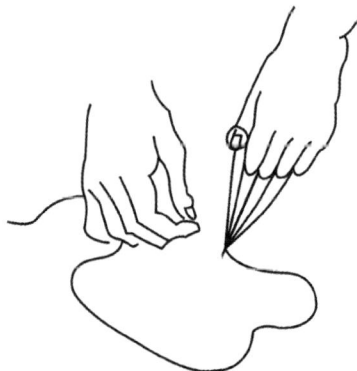

图3-62　草鞋织

用于小花瓣、小叶片或衣服的丝带等物象的刺绣。

（7）隐格针。隐格针的绣法是先按照图案的轮廓，用铺针铺满作经线，纬线按标准每间隔一、三、五丝平织一次，使经纱下的纬纱展现出来，产生隐约可见的正方形或

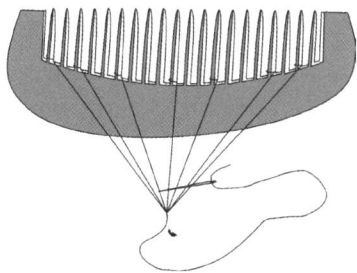 

图3-63　梳子织　　　图3-64　回纹织

其他形状的方格，如图3-65所示。这种绣法主要用以绣透明薄纱、花瓣等。

（8）隐筋针。隐筋针常用于绣叶子，最先用针依照叶子的形状施以铺针作经纱，再用纬线每隔5~6经线平织一次，使纬线有规律地外露在经线下边，做成隐约可见的斜纹，呈现叶脉根茎的效果，如图3-66所示。

（9）人字针。人字针是刺绣后期的一种技巧，刺绣工人最开始是用它绣细细长长的小枝、翎毛等面积较小的图案。这类缝纫方式在形式上类似编织，却不是编织。人字针刺绣方式依据流入明确线框部位，从里到外，两边线条图案歪斜排序，产生人字形模样。每根针组成一条线，落下的针在图案的边沿。针脚密实，针迹匀称，不漏底，不重合。线条的色调可以是纯色的，也可以是渐变色的，一般会产生又深又薄、光洁平整的绣面。这类绣法多用于刺绣图案的叶子、鸟的翅膀等，如图3-67所示。

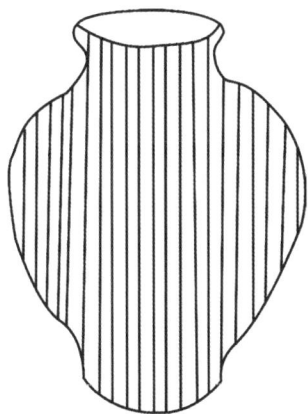  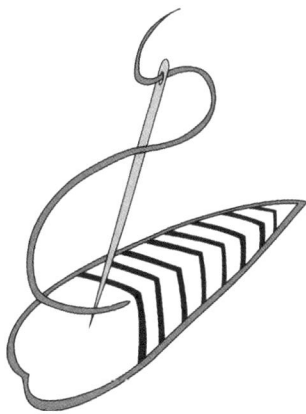

图3-65　隐格针　　　　　图3-66　隐筋针　　　　　图3-67　人字针

（10）三比针。这类绣法要先绣好横线，每根线来回穿过绣料组成虚线，不连续的距离要相等，平行的距离也要相等，然后按照这个规律绣好所有的平行线，如图3-68所

示。该绣法可用作绣竹筐、树干、护栏
等。与交织针法不同的是，该绣法的绣
线、绣丝没有浮在绣面上。

图3-68 三比针

（二）湘绣针法的使用

1.花卉类湘绣针法的使用

（1）荷花的绣法。荷花花瓣有正与
反的分别，正瓣丝比反瓣浅，开针可以
从瓣尖刺绣，由深到浅，到蕊部可变为
浅绿或淡黄色。花瓣多采用掺针，但是随着花瓣的生长方向，后期多采用游针的绣法。

a.正花瓣刺绣法：

步骤1：莲花尖出针，采用平绣针绣法，颜色由浅渐深。

步骤2：依据刺绣原图的颜色，扎针数加密，颜色由深变浅。

步骤3：颜色渐渐变浅，混合颜色更真实，层次感比较强。

b.反面花瓣刺绣法：

步骤1：从莲花前面出针，选用平绣绣法，色彩比较深。

步骤2：依据刺绣原图的色彩，针数加密，使色彩由深变浅。

步骤3：绣花的静脉，用平针接针，绣线颜色比花瓣颜色浅，依据背景色由深变浅。

（2）牡丹花的绣法。牡丹花的花型较大，层级繁杂，颜色品种繁多。绣牡丹花时，一定要注意以下事项：根据花的中心确定针路走向，同时针路应该根据花瓣长短摆动混合。要灵活地更改针路方向，使之成为一条气势恢宏的针路，刺绣的花瓣便会翻然挪动，花瓣看上去更有韵味。在混合颜色上应注重总体效果。绣牡丹花时，花瓣重重叠叠，尽量用深色细线刺绣。由于绣牡丹时容易出现"只留意瓣的立体效果，而忽略花的总体效果"的问题，因而在刺绣时要注重总体效果，特别在刺绣浅色系时，要转色少且快。

比如翠绿色类型众多，有偏青、偏灰、发暗、偏紫、偏暗、偏红等颜色的微小变动。不一样颜色的牡丹花边缘，应配以不同颜色的绿叶子，依据颜色冷暖比照、明度对比、色彩对比等标准确立，除此之外，同一位置的叶丛应使用前艳后素、前深后浅的配色方法。

2.山水风景类湘绣针法的使用

（1）远山部分的绣法。在群山刺绣时，一般选择较细绣线，在适当的区域绣上稀少的彻底垂直或平行的线纹。针迹应尽量减少，针迹之间相连成平行线或斜线，其亲疏、中断、虚实结合程度须依据物象来定，有时依据绣线本身的横直状况采用帘针绣。

步骤1：采用帘针，绣线极细，针路相互垂直或平行，连接成平行线。

步骤2：再次选用帘针，各排中间间距一致、匀称，疏密协调。

步骤3：接着用帘针铺设，采用特细的绣线，针路间维持彼此垂直或平行。

步骤4：接着用稀帘针铺设，其亲疏时断时续、虚实结合。

（2）近山部分的绣法。一般采用掺针绣。

步骤1：选用掺针，针路间应彼此垂直，绣成轮廓，不可有歪斜，两边的齐边采用齐边针。

步骤2：刺绣的针脚不可以过长且要稀少匀称，针路零散。

步骤3：接着用掺针铺设，采用极细的绣线，使针路间维持彼此垂直的状态。

（3）水波部分的绣法。水波部分通常采用帘针绣。这类绣法主要是根据物象的动态来运针，以最细线连接斜线，亲疏相间、时断时续、虚实相间结合，根据物象的具体情况来决定。

步骤1：依据刺绣原图中波浪纹花纹的品牌形象，先用短平针绣出波浪纹图案，精准定位，产生轮廓。

步骤2：用帘针通过最细丝线连接斜线，维持稀薄中断处匀称。

步骤3：接着用盲针铺设，针迹因物象势使：远水部分绣得非常薄，近水部分绣得较为牢固，虚实结合的具体绣法取决于绣稿和具体情况。

3. 翎毛类动物的湘绣绣法

肩羽的绣法：先绣羽毛根部的阴影部分，羽毛的大致明暗关系和羽毛重合的区域一定要衔接自然，刺绣方法和尾羽基本相同。

步骤1：平绣法用毛针绣羽毛的根处，和羽毛的骨缘稍有不同，使向外呈参差不齐状。

步骤2：采用掺针的绣法，针脚参差不齐，有利于深浅色阶的自然混合。

步骤3：平针齐毛针，羽端齐边，向里参差不齐，向轮廓边时沿毛势向尾刺绣，根据针路方向沿毛势运针，产生不平整的质感。

步骤4：用柳针绣绒羽毛骨，从丝线一端外侧起针，线略微倾斜地落针。第二针在第一针正中间出针，针针紧密贴合，针眼潜藏在第一针下，尽可能不显出针迹。

二、湘绣绣法特征

湘绣手艺经过数代湘绣传承人持续的尝试得以不断地发展，现已形成包含5个类别72种完整针法的体系，可以很好地表现各种题材。早期湘绣加工工艺沿袭了苏绣的绣法，绣线不区分阴阳深浅，颜色衔接生涩，绣面生涩死板。李仪徽独创掺针绣法，开创了湘绣与众不同的针法管理体系的先河，促使湘绣刺绣具备色彩鲜艳、层次感明显、形神兼备的特性。物象的色调与空间层次感通过掺针更加真实、细腻表达出来，以深浅不一的各色各样3D绣法渲染出一个物体的明暗变化，促使绣案形象更为新鲜栩栩如生。鬅毛针是湘绣大师余振辉首创的与众不同的针法，是在掺针的前提下发展起来的，它是一种用以刺绣狮虎基础的突破针法，刺绣出来的实际效果宛如真发。湘绣以狮虎绣而著称，也得益于鬅毛针的应用，这种针法使绣出来的狮虎的基础外形与层次感达到真假难辨、趋于完美的程度。所绣狮虎有"一声啸震千山万水外，冽冽余威万兽惊"的感召力[17]。

"毛线劈丝"是湘绣的格斗技能，湘绣绣工徒手将绣线劈至二开、四开、八开乃至十六开，劈丝技术日益高超促使绣线细若毫发。绣线经劈开后，人眼难以辨认出区别，但刺绣出来的物件都诗意细微、惟妙惟肖，湘绣因此被誉为"神手"[18]。

三、湘绣题材特征

1.地方特色题材

湘绣带有明显地区特色，其在湖南民俗手艺刺绣的前提下发展起来，向来具备"刺绣能陈香，绣鸟能听音，绣虎能飞奔，绣人会惟妙惟肖"的艺术之美。湘绣经历过几千年的传承发展吸取京绣、粤绣、苏绣等各绣系的优势，在明清时代达到顶峰，成为清朝手工艺品刺绣图案艺苑的佼佼者。

湘绣以国画为制作原型，多色彩平衡变动的绣线配合着上百种针法的改变，充分运用针法的感召力和感染力。上色富有层级，绣品如诗如画，线色千姿百态。绣品是绘画艺术与刺绣手艺完美融合的结果，针对不同的主题运用不同的针法选装绣线，促使绣品中人物"栩栩如生"，写意画山水"色簪花、迹灭针绒"。

湘绣备受湘江文化影响，与楚汉刺绣图案有共同点，不仅富有烂漫奇妙的神巫色彩，并且具有古色古香、绚丽、构图法技巧严谨等艺术特征。湘绣是"工"和"艺"的融合，在综合自身优势的前提下不断结合其他的艺术表现手法的特征得以发展，变得更加丰富；具备形神兼备、层次感明显、内心细腻和"远眺气势雄伟，近观炉火纯青"的特色。湘绣著作"以针代写、以线晕色"的形式是对画稿原状开展美学的再度创作。颜色丰富的绣线配合着千姿百态、富有表现力的针法，促使绣品里的人物、青山绿水、野兽等，更具有文化吸引力和视觉冲击力。

2. 传统文化与外来文化题材

湘绣受文人墨客绘画的传统影响至深，清新雅致、出尘脱俗是对物象本身气质最理想的重现。主题定位与文化渊源、审美趋向密切相关，其表达自始至终遵照为主题服务的基本原则。湘绣是将实用性与审美性完美融合的一门艺术。在追求画稿完美、造型设计精确的前提下，开展艺术再创作，不仅要展现作品原来的神韵与风采，而且一定要通过湘绣的高超绣法提升刺绣内容的真实性和层次感。民俗文化活动、戏剧文化等各种民俗文化也融入湘绣当中，生动有趣的形象、艳丽绚丽的色彩共同打造了初期湘绣艺术与众不同的装修风格。中国绘画的真谛应用到刺绣艺术上，促使湘绣的视觉效果清新自然，犹如出水芙蓉般。湘绣在选题上有一大特点，主要喜爱表现政治题材，尤其以领袖的人像多见[17]。

湘绣艺术作品中的造型设计得到了传统文化及历史发展过程中各阶段文化思潮的影响，并使湘绣手艺得以不断创新与变革。在题材选择上，有简约大方的抽象图案，有雅趣横生的花鸟鱼虫，有寓景抒情的山水，也有形神兼备的肖像画。中西文化的不断沟通交流也影响着湘绣的表现手法与表达技巧，受西方造型设计艺术的影响，湘绣的作品有时也以西方水彩画这种写实性的艺术表现形式展现。

第四节
粤绣的特征

粤绣是广东地区的代表性刺绣，分为广州刺绣（广绣）和潮州刺绣（潮绣）两大分支。广绣与黎族织锦具有相同的起源[19]，有题材贴近生活、寓意美满吉祥、布局饱满紧凑、色彩丰富艳丽、工艺繁杂多样、针法善于变化等特点。潮绣的艺术特征被中国著名工艺美术家林智诚总结的六个字概括为"密密、满满、通通"[20]。"密密"是指构图方式紧密、互不重叠，有细密之感；"满满"是指画面整体饱满、不显松散，有丰满之感；"通通"则指潮绣画面虚实有致、疏密相间，有通透之感。综合来看，广绣、潮绣二者特征是"形散神聚",说法虽不同,其内涵实则相融相通。而艺术特征的展现受针法及绣工的影响,因此进一步从针法、绣工、题材方面进行详细分析。

一、粤绣针法特征

1. 粤绣的基本针法

广绣技法多变,适应性广,表现力强,因此绣出的作品显得很精细[21]。广绣常用针法主要有7大类20余种,包括直扭针、捆咬针、续插针、辅助针、编绣、变体绣以及钉金绣、织锦绣、凸绣、贴花绣等。以上这些针法只是对岭南地区手工艺人以往经验的总结整理,而广绣针法是不断变化发展的,因此以上基础针法并不能概括为广绣的全部针法技艺,本书主要针对《广州刺绣针法》中的基础针法进行梳理和归纳汇总,见表3–3[22]。

表3–3 传统粤绣针法分类及简介

针法分类	种类	针法简介	绣法说明	针法图示
直扭针	直针	垂直线条绣成,用色单纯,能独立绣制图案,应用颇广	从纹样的A、B段到C、D段绣制线路向一个方向排列的垂直线条,同时注意边口施针整齐,线迹短密,与铺针不同	
	扭针	用短的斜行针路表现较细线条的针法,多用于绣制细长线条	一般从下端或右端起针,从右到左、从下到上绣制,绣线微扭,线迹之间紧贴,第二针起针尽量掩盖第一针针脚。针脚一般为3~5路,针脚的多少决定线迹的宽窄	
捆咬针	风车针	用直线绣制相互交叉的放射性的针法,通常用较细的丝线刺绣	从四周起针交汇于一点,线迹长度和角度根据所绣的纹样错落有致长短不一	
	捆针	又名打边,以匀短的针路缠绕物象最外层而刺绣的针法,用色单一	通常在中央边部起绣,先由中央逐针移向左侧,再照同样的方法逐针绣向右侧,所绣的东西大多为半圆状或其他形状,注意针迹匀整、边口齐密、顺纹理刺绣	

针法分类	种类	针法简介	绣法说明	针法图示
捆咬针	咬针	又名抢针，在短直针或捆针的基础上后针紧接前针，顺着物象的形状一批批咬接上去的针法，适用范围广	分顺咬（正捻）、倒咬（反捻）。顺咬颜色深浅参差、针路平铺匀整，一般由外至内绣制，或由里至外，针路整齐多流水路	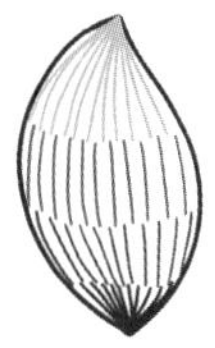
			反咬颜色均净，深色浅色都是一批一色，大多由浅到深，每批靠外的边缘内边都有一条压线，使盖绣在上面的绒线略微隆起，绣制时由内向外，做一批压一线	
续插针	续针	用短针路，沿直线条一针续一针绣制，应用广泛，一般绣制画面大、绣线紧密的东西	第二针要在第一针的五分之四处起针，起针位于第一针的绣线中间，垂直状的东西由右下起针向上，再由上往下，针孔有规律地平行排序或错落排序	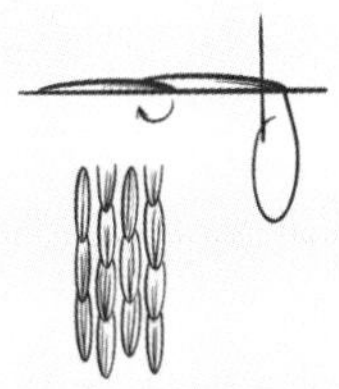
	撕针	也称舒针，利用较细的绣线绣制疏密不等的V型针法来表现飘逸灵动的效果，多用于绣制羽毛	撕针表现主要为连续的弯曲线条，一般从中心线内部绣至外部，但根据线稿和线条的重叠，也可从外到内	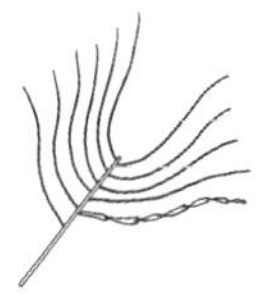
	洒插针	用深浅不一的丝线绣制长短参差的针路，体现物象特点，多用于描绘物体的转折和明暗	通常运用续针针法，线迹较短且参差错落，运针可选择从上至下的插针和由下至上的洒针，绣制时注意衔接自然	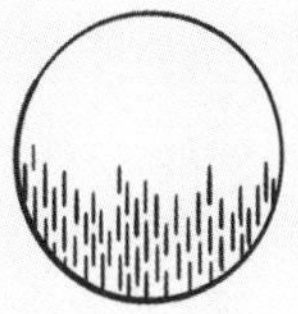
辅助针	旋针	混合使用长短不同的续针，按物象的形体旋转而绣，多用于内窄外宽的物象	从物象内边窄的地方起针，以续针按形状依次扩开，因为内窄外宽，从内端绣至外端的线条，一定要在中间方便以较短的续针越来越多地填充空缺	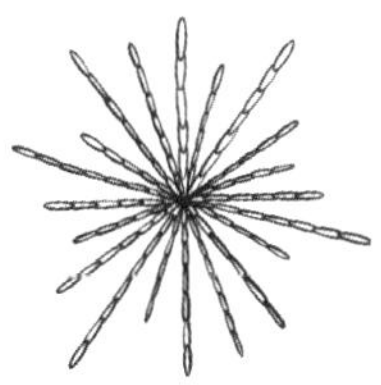

针法分类	种类	针法简介	绣法说明	针法图示
辅助针	铺针	也叫扣针，一针与一针之间彼此顺序平铺、针步紧密	用直针按物象的大小由头至尾的尽其长度一针绣成，起针在物象的边缘或端点，一针长度较长，要注意整齐紧密	
	勒针	也叫扎针，用以勾勒飞禽胫和爪部的线条的横而短的针法	在刺绣的飞禽类的胫或爪部时，先用直针或铺针将轮廓绣妥，然后用勒针加上一道道的横纹，长短疏密皆由物象特点决定，过长可于中间加一钉针，使之牢固	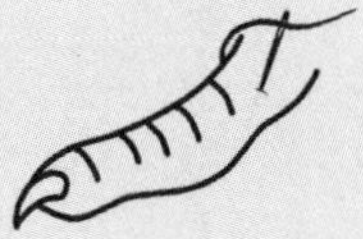
	渗针	在已绣成的物体上加绣一些旨在加强质感、阴阳艺术的一种针法	先用较细的绒线用续针或铺针绣好底层，再按物象的特点加绣短针路	
	钉针	把绣成的线条钉紧加固的针法	垂直于绒线的下端起针，跨过绒线穿过绣面在背面打结，多加针可更牢，一针更整齐	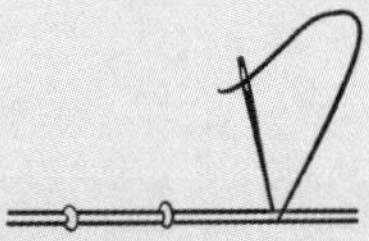
	珠针	一种以加强物体质感和美感的较整齐排列的针法	从底起针，向左落一针，以后每绣一珠时，都从珠本身的右边起针，右上左落地有规律刺绣，对珠针法与此相同，但两行相对	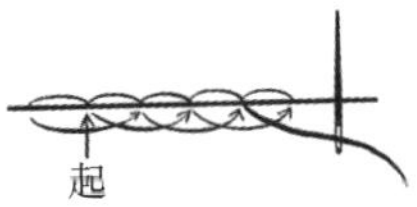
编绣	篷眼针	一种六角橄榄型的篷眼状的针法	辅针打间距相等的菱形格底，也可加上"洒插针"表现光暗，然后用绒线在近交叉的地方横压一线。以绒线用扭针绣法绣好菱形的基础，按篷眼形状用编织方法一穿一压进行刺绣	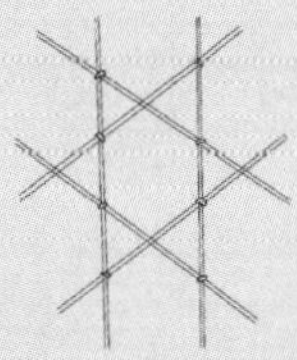

针法分类	种类	针法简介	绣法说明	针法图示
编绣	竹织针	刺绣竹织类器物或制作类似这种图案的东西都适用	按物体的形状、大小以较粗的绒线按一定距离绣平行直线，再以较细绒线编绣横线，一面一底地绣，各线段、间距相等，第一行的横线与第二行的横线交错排列	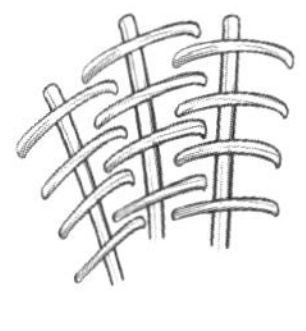
	编织针	以绒线横直相间，绣成竹笠的纹样的方法	先用直线按形状需要全部间以横行线，再取两条线穿两条横行直线，称为压二穿二，亦可压三穿三，方法与上述相同	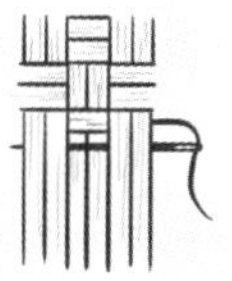
	方格网针	又称二莲花针或二列针，用三根平排绒线组成正方形网状图案的方法	先用三根平行垂直的绒线，保证横竖间隔相同构成正方形格子，在交叉点用钉针钉牢，然后在方格内三根绒线中，一根不动，其余两根在所紧贴的方格钩成三角形，并以钉针钉牢	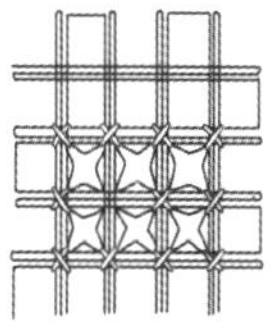
	三角网针	又称三莲花针或三列针用三根平排绒线组成三角形网状图案的方法	先用三根并列的绒线，间成三角形格子，在交叉点用钉针钉牢，然后在方格内三根绒线中，一根不动，其余两根在所紧贴的方格钩成小三角形，并用钉针钉牢	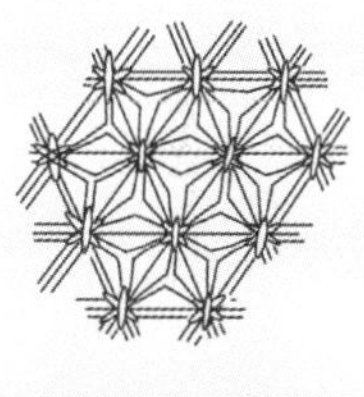
	迭格针	又称压象眼针法，用线色彩深浅不一，绣成层次堆叠的正方形格子	不用先修底层，根据物象要求选择一种颜色的绒线，先间若干个正方形格子，再选择其他颜色的线在最先的格子附近一次有规律的最先格子那样大的格子	
绕绣	钩针	利用绒线的绕扣搭配而组成图案的方法	从底起针，在面上横过一针，复将针穿底，在横线中垂线上比横线长度稍长的地方上针，然后将绣针拉成刚好横过面上的绒线勾起，拉成人字形，重复进行操作	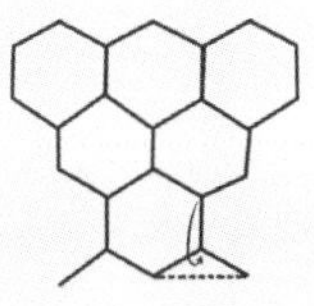

针法分类	种类	针法简介	绣法说明	针法图示
绕绣	圆子针	又称打子针，用绒线通过打扣结的方法弄成圆形小颗粒的针法	从底起针，绒线在面上后将绒线向左兜一个小圈子，然后拿带线绣针从右端穿圈而过，即为一个活索子，将索子收紧到贴上针的地方，并结好	
	松子针	又称松索，通过特殊打结方式结成的松的圈子	一般使用粗三倍的绒线，由底起针，将绒线向右绕一小圈，再以绣针从右穿入小圈，复将拔出的绒线向左绕一小圈再往下穿进第一次所绕的圈，以拇指按实系紧	
	长穗子针	通过特定打结技术在绒线的末端结成一个略凸的圆子的针法	起针后一手拉住绣线，向左绕一小圈，用针从右端穿进圈内，在适当位置把线圈收紧	
	扣圈针	又称拉锁子，粗细两股绣线相配合，钉绣成一连串整齐的圆圈的针法	穿较粗和较细两针，用粗线在绣面逆时针绕圈，在圆圈的左右和底部都钉绣加固，第二个圈重复操作，圆圈相切处也要重复钉绣	
变体绣	凸绣	又称凸高针法，所呈现的绣品部分隆起，使物象更加逼真	①用较粗的绒线在物象需要隆起的部分按照所需高度一层叠一层绣制；②先以棉花垫底，再用绒线以铺针纵横铺好，再使用其他针法；③棉花垫底，用薄绸封好钉牢，再使用其他针法	
	双面绣	一种刺绣正反两面都需要针步整齐匀密的针法	下针保持垂直，"拔一搭三"，从一个方向绣去，一般是从靠身处起针，向左绣制，绣双面绣时不论用什么针法都不打结，只需整理好线尾，藏在绣线底层即可	
	补画绣	画绣并行，借画以形绣	①补画：画多绣少，先于绫段或绢上做出画的一部分，剩下的采用刺绣的形式表现；②撕疏绣法：画少绣多，少部分以笔着色渲染，配合画的特点	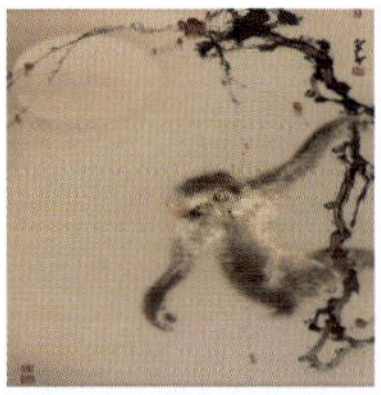

潮绣针法变化多端，灵活性强，但历史上并没有相应的系统文字整理，只有一些由潮绣艺人或是潮绣厂自发总结整理的文字记载。20世纪80年代潮州市潮绣厂曾对潮绣针法进行过全面的整理，随后潮绣厂改制，这批资料最终流失。现对潮绣针法到底有多少种仍有争议，但潮绣大体上可以分为绒绣针法、钉金绣针法和金绒混合绣针法。

绒绣针法可分为平绒和垫绒两大类，先介绍平绒，其分类如图3-69所示。

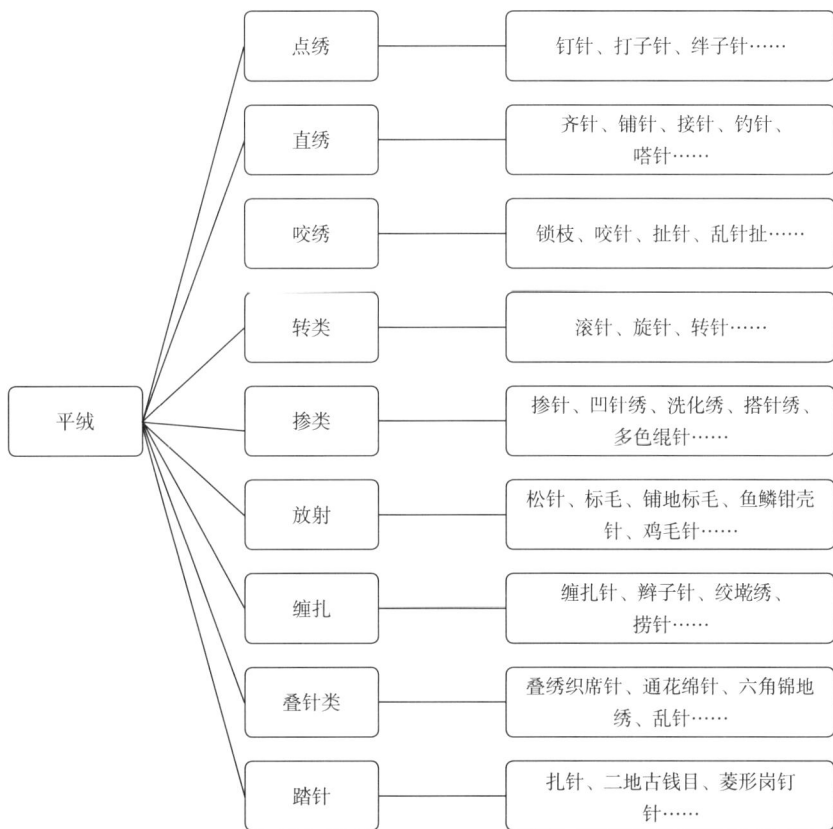

图3-69　平绒针法分类

（1）点绣种类有钉针、打子针、绊子针等针法。点绣中的钉针是一种线迹如缝纫机走线的短针，可用于固定或装饰图案。绣制时，后针在前针的后针脚上落针，做到后针的首与前针的尾相接。打子针也称打籽针，用于表现花蕊等呈颗粒状外观的物象。起针后，将线在针杆上缠绕几圈，再将针紧挨着出针处落针。绊子针是打籽针的变形应用，二者只是在绒线股数、颜色、缠绕圈数、线迹松紧上有所不同，绊子针更加蓬松，用于表现较为松软的物象。

（2）直绣中的齐针是用平行的直线排列成图案的针法，绣制时可用不同走向的针法表示，普遍从纹样的中央起绣，要求针脚保持并列整齐。而铺针是一种为正式刺绣做打底的针法，适合较大的图案，同样也要求线迹排列整齐，可用直针、斜针或横针。潮绣的接针针法与广绣的续针类似，只是名称不同。

（3）咬绣中的锁针与滚针有相似之处，针针紧密，针迹藏于线下，每针的线迹长度一致，有二针锁和三针锁两种绣法，二针锁是在前一针的二分之一处落针，三针锁即在前一针的三分之二处落针。另一种针法的咬针则要求在分层刺绣时，后一层的要与前一层针针相接，每一针都要咬在前一针的末端，以展现明显的层次感。

（4）在转类中，滚针是一种很灵活的针法，既可绣线又可绣面，如图3-70所示，绣制时第二针在第一针中间偏前下针，紧靠第一针绣线，针眼藏于第一针之下，第一针针尾与第三针相接，第二针针尾与第四针相接。旋针则是一种回旋的针法，其长短针列没有一定的规律，其刺绣顺序也是针对不同物象的特点而定的，边旋边绣，使物象自然生动。转针与旋针有相似之处，刺绣时根据物象纹理用齐针刺绣，边绣边转，绣线排列均匀平整。

（5）掺针是用于表现颜色的混合和过渡的一种综合性的针法，绣制时用齐针或长短针沿图案边缘绣出一圈颜色相同的线，再用不同颜色的线从这条边缘下面以高低针或长短针互相交掺绣上。除最里一层可以根据实际情况选用高低针或长短针以外，以后的每一层都用交掺的手法，而交掺又可以分为插针、叠针和续针三种。插针是后一层的线有序地错落插置于前一层线迹之间，如图3-71所示；叠针是后一层的线迹与前一层线迹的尾端之间重叠，如图3-72所示；续针是后一层的起针点为前一层的落针点，也就是后一层与前一层首尾相接，如图3-73所示。另外，凹针绣和洗化绣都属于交掺手法，凹针绣又称为二掺针，是用高低针或长短针交掺，洗化绣又称三掺针，比二掺针更加细腻，颜色过渡更加自然，是用长中短针或高中低针交掺。

图3-70　滚针

图3-71　插针　　　　　图3-72　叠针　　　　　图3-73　续针

图3-74 松针

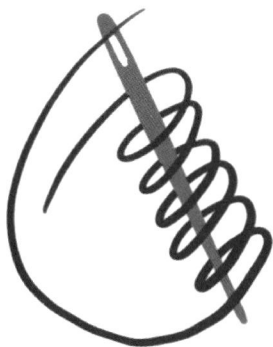

图3-75 缠扎针

图3-76 辫子针

（6）放射中，松针又称射针，表现为中间密四周疏的放射状线条，线条可以长短不一，图案多为圆形或半圆，如图3-74所示。

（7）标毛是在绣好的图案轮廓边缘掺短针组合的绒线，可以使轮廓羽化。鱼鳞钳壳针是先用锁针绣出轮廓，然后用松针表现鱼鳞的针法。

（8）缠扎针也称卷筒针，属于缠扎类的主要针法之一，通常使用粗绒或大丝绒线，使其形态饱满、有立体感。其绣法是起针后在针上绕线，一般绕十几圈，然后抽针将线拉紧形成绕线条，反转绕线条后钉紧于绣面，如图3-75所示。辫子针也称辫子锁，第一针起针后落针于起针旁，留一小线圈于绣面，第二针在第一针留的小线圈中起针，落针也在线圈内，依次循环并依次收紧，就形成了线圈一针一针互相锁套而成的辫子针，如图3-76所示。

（9）叠针类中叠绣织席针是以长针的手法对粗绒或大丝绒线的运用，通过交叉密密相叠地绣制，产生如织席一样的效果。第一批先用最浅色丝线沿格子边缘长针交叉铺绣，往后依次加深绒线颜色，绣制时每批线要略微叠加。乱针是一种模仿西方油画技法的针法。一般要绣三层，先按长中短针依次按轮廓和色块绣一层底色，运针无序不规则，相互交错，但不能出现垂直交叉和网状交叉，往后每层都是如此但要更加细致，颜色过渡要更加自然。其主要运用油画的技法，将画笔和油彩化为针线，技法上与油画层层铺色相同，其绣品也突出展示了线条光线和色彩的变化。

（10）踏针中的扎针与广绣中的勒针相似但也有不同，潮绣的直扎与广绣中的勒针一样，而斜扎的区别在于将原先与铺针垂直的绣线变为与铺针倾斜[23]，如图3-77所示。

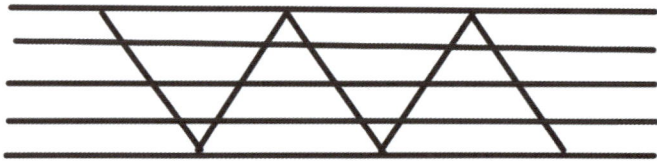

图3-77　斜扎针

2. 粤绣针法的使用

为了能更好地展现物象的特点，应运而生了丰富多样的粤绣针法，每种针法可以因其特定的线条组织特点在物象展示上独当一面，表现不同对象的质感。例如，广绣中的风车针和潮绣中的射针，因其具有在中心密绣而后按针疏向外的独特线条组织特点，二者常常都被用来展现松针。又如广绣的撕针，其线条细腻、疏密不等，造型飘逸灵动，常常被用来表现羽毛轻盈的姿态，如鸟的胸部、孔雀的尾部、兽类的毛及花蕊。再如潮绣中的扯针，扯是往下拉的意思，其主要用于表现禽类的羽毛和兽类的鬃毛，运针时根据羽毛或鬃毛的纹理施针，顺着同一方向，一针一针地向下绣去，针与针之间紧密相挨，露出针迹。

除了单独表现之外，各种针法又可以综合运用、相互结合，起到锦上添花之效。例如，结合运用射针的形态、接针的手法。在刺绣单根松针时，运用色彩相近的绿色，一针接一针地绣，表现松针色彩的深浅变化，使整体更富层次感、更立体逼真。

又如垫绣，往往是多种基础针法的结合运用，如图3-78所示，通过针法的变化来表现颜色的递进、阴影变化和形态特点，垫二斗翅针中用纸丁在图案边缘垫出两层，每一层各用一色绒线绕纸丁齐针刺绣，再根据每层的变化加一层纸丁以绣满羽毛，而接近禽身部分则用粗线渗色以长短针刺绣，最终形成立体的鸟翅。

图3-78　伍洁仪《千古留名》

二、粤绣绣法特征

经过大量的总结与归纳，我们发现针法已经相对固定，但对针法的运用却可以是标新立异的。粤绣的每一种针法作为刺绣线条的表现形式，都有一定的线条组织规律和独特的画面表现效果。而对于粤绣艺人而言，完成一件精美的粤绣绣品，单单依赖熟练于手的繁多针法是远远不够的，更需要的是与绣工结合，心领神会，通达其中的理数和法则，如此才能正确地表达物象的视觉效果，深入地阐述物象的内在神韵。

《广州刺绣针法》[22]中谈到："为了使绣品在艺术表现上和实用上收到最好的效果，在针法上应该具有三个最基本的要求，那就是平直、圆活和整齐。"此三点体现在粤绣当中则是针路匀密和线条灵活，再配合上丰富的针法的运用，才能完成一件高水准的粤绣艺术品。所谓平直，就是要栉比鳞次，而非错乱无序；要疏密均匀，而非松散失调。例如，直针与铺针，二者都需注意边口齐整，针步均匀，刺绣时以平直为标准。所谓圆活，就是要圆转自如，而非操针不灵；要随意弯曲，而非欲左反右。例如，潮绣中的转类针法，其针法就讲究依纹样的弯曲灵活走势运针，来表现物象的弯曲旋转、蜿蜒旋转之势，若不能做到圆活，就会显得呆滞死板，不能表现物象自然生动、柔和曲折之美。所谓整齐，就是要针口起落如刀斩截，而不是参差不齐、犬牙交错。例如，齐针，起针和落针均要位于纹样的边缘，针脚要求并列整齐、均匀紧密。

三、粤绣题材特征

由于受岭南的经济、文化、自然、历史等因素的影响，粤绣的选材广泛、题材丰富，可以说是囊括古今中外、花鸟虫鱼、飞禽走兽、山水河川、建筑风物、自然风光等。在经济方面，岭南地区多沿海港口，商品的交易提供了粤绣作为商品迎合市场而不断扩大题材的可能，同时，由于较早地受到外来文化的影响，增加了一些西方元素为题材，另外，改革开放后更快地推动了传统粤绣题材的推陈出新。在文化方面，岭南相对偏远的地理位置使粤绣既汲取了中原文化中影响广阔的主流文化的精华，又保留了自由直率、纯朴浓郁的南国文化特质，使二者在粤绣运用中各放光彩。在自然环境方面，岭南气候温暖、植被丰茂、果蔬繁盛，有丰富的自然植被、绝美的美景风物为粤绣的创作范本。因此，粤绣题材可大致分为以下五类。

1. 传统文化题材

吉祥的民俗图案来源于生活但又高于生活，寄托了人们对生活和未来的精神依托和美好追求与向往，是一种理想化的艺术表达。潮绣图案象征最多的便是吉祥如意、幸福美满的寓意。通过借代、隐喻、比拟、谐音等手法，粤绣将种种美好的向往与祝愿融注在一针一线当中。例如，以牡丹借代富贵荣华，以桃借代长寿安康；以梅、兰、竹、菊比拟君子德行，以松比拟高风亮节，以竹比拟清廉正直；"瓶"谐音"平"，有平安之意，"鸡"谐音"吉"，有吉祥之意，"蝠"谐音"福"，有弘福之意。常见题材有百鸟朝凤、孔雀开屏、三阳开泰、杏林春燕、松鹤延年、公鸡牡丹、龙凤呈祥等等，如图3-79所示。种种题材要素的选取，使得传统的文化品性和美学追求在粤绣之中得到贯彻，寄托了岭南地区人民的美好祝愿，展现了当地人民丰富的精神生活和浓厚的地区文化价值。

图3-79 《龙凤团》 作者：黄伟雄

岭南地区虽地处偏远，但历史上经历过多次中原人南迁，汉人的儒家核心思想也得以传入。粤绣作为一种广泛的文化传播载体，受到了儒家核心思想的深刻影响，许多绣品都引用一些广为流传的人物故事题材，来表现"孝、悌、忠、恕、礼、知、勇、恭、宽、信、敏、惠"的道德品格。这些故事题材使粤绣突破了原本的装饰作用，成为教导人民、开化民风的道德范本，由此继承并更新了几千年来的儒家思想，从而潜移默化将伦理教化深入人心。潮绣绣品《赵王救阿斗》表现的是赵云单骑救主、骁勇善战的场面，引用了三国故事，表现了"忠、义、理、智、信"的传统道德文化内涵。

另外，岭南地区其他工艺品类繁多，粤绣在发展中也汲取了其他工艺品类的精华，并融入了这些民间艺术的故事题材和叙事手法。例如，潮绣与潮州木雕之间就有很多相同性和互通性，潮州木雕是潮剧故事内容具象化的产物，潮绣也与潮剧相互融合。潮剧的发展带动了潮绣的戏服饰品和舞台道具的发展与创新，而在故事题材上潮剧为潮绣提供了大量原始素材，成为潮绣人物题材的来源之一。例如宋忠勉所制作的潮绣作品《百屏灯》，取自潮州人耳熟能详的歌册《百屏灯》，《百屏灯》中每句表现一个神话、历史故事，宋忠勉精心设计410个人物角色，以实物花灯的形式完整地将100个故事呈现出来。

2. 宗教民俗题材

宗教是构成岭南文化的一个重要内容，岭南历来有多神崇拜的传统，除了佛道两大宗教外，还有伊斯兰教、天主教和基督教在此传播，另外还有地方的神灵崇拜，这为粤绣提供了丰富的题材。在刺绣题材中有佛教的各种装饰图案，如宝相花纹样；还有道教的人物、故事、纹样，如道教的八仙纹和经典故事《麻姑献寿》。

广东地区的民俗活动也与粤绣息息相关，每年的元宵节或乞巧节，这里都会举行俗称"出花园"的男童成人礼，男童在用浸泡有十二种鲜花的温水沐浴后，系上母亲亲手缝制的肚兜，肚兜的题材则与此活动有关，多为显示母亲对孩子美好祝愿的主题，如"莲生贵子""童子抱莲"等。

图3-80 《芒香鸟跃》

图3-81 《岭南红荔》局部

图3-82 《甜蜜蜜》 作者：梁纪（设计）
许炽光、梁桂开（绣制）

3. 本土自然特色题材

广东地区属热带、亚热带季风气候，冬长夏短，终年降水丰沛，其植被丰茂，物种丰富，有许多珍稀的自然动植物在此处生长、繁衍，因其特殊的气候特征，广东地区拥有中国其他地区所缺少的热带动植物。体现在粤绣题材中，最具特色的有海产鱼虾、佛手菠萝、荔枝芒果、木棉兰草等，如图3-80~图3-82所示。粤绣在花鸟虫鱼、四季风景等很多题材上都运用了写实手法，故为绣制出一幅生动形象的作品，往往要深入观察很久。而对于这些事物的描摹，粤绣具有得天独厚的优势，广东地区丰富的动植物资源为粤绣制作人提供了大量的观察对象和实地调研的机会。广绣大师陈少芳在刺绣荔枝时观察了不同品种荔枝的形态和肌理，她绣制的荔枝还原了荔枝果皮凹凸起伏的外在肌理，其形象逼真、栩栩如生。另一位广绣大师许炽光，也特别擅长表现当地的自然风物，他潜心研究出了一种专门绣制荔枝的针法，在荔枝表皮的每一个凸起处加钉，增强荔枝的立体感，以达到使视觉效果逼真写实的目的[24]。

4. 外来文化题材

从秦朝开始广州就是南粤地区的政治经济中心，得益于其临海的优越地理位置，广州成了中国历史最悠久的对外通商口岸，同时是海上丝绸之路的起点之一。长期以来，与外商的贸易往来使中外文化也得以交融。粤绣作为深受西方贵族喜爱的商品，为了迎合市场需求，抢占更多市场份额，吸收了西方绘画的艺术风格。17、18世纪，外国商人前来广州订购广绣时不再满足于传统的广绣纹样图案，而是将家族肖像或图画照片交给刺绣工厂进行来样加工订货，由此广绣的题材更加丰富，各种西方的服饰纹样、希腊神话、美术作品、人物肖像都成为广绣的题材，如图3-83所示。

图3-83 《教宗像》 作者：黄敏健、陈少芳

5. 现代创新题材

传统粤绣主要以传统民俗题材为主，所展示的题材滞后于现代审美和文化主流，以至于粤绣道路越走越窄，加之改革开放后机器生产挤压市场，使得粤绣发展一度陷入困境。在此严峻形势下，仍有大量手工艺人深耕于粤绣技法，尝试着让粤绣技艺与现代元素相结合，对粤绣进行了创造性的改良。以广绣大师陈少芳为代表的粤绣艺人，将粤绣题材扩展到人物肖像、绘画、景物等领域，艺术内涵大大提升。为响应国家振兴非遗文化的号召，粤绣艺人们大胆创造，不断解放思想，将传统的粤绣技艺与现代艺术元素相结合，承前启后，推陈出新，为粤绣的发展创造了新的生机。广绣大师伍洁仪受广东省政府委托，在创作《夏日海风》时，为表现海浪的油画特点，和团队一起创作出旋歪针，以减弱海浪丝光的效果，如图3-84所示。

图3-84 《夏日海风》 作者：伍洁仪团队

✒ 小结 ••

　　本章主要对传统刺绣针法、绣法和题材的类型进行分析，结合实地考察和大量的网络素材阐述了四大名绣中不同类型刺绣图案独特的针法特征。研究发现，传统刺绣图案的造型离不开针法技艺，不同的绣种所运用的针法各具特色，应根据不同的意象运用不同的针法。首先，概括了传统四大名绣刺绣的针法名称和绣法说明，苏绣的"平、齐、细、密、匀、顺、和、光；"蜀绣的"针脚整齐，线片光亮，紧密柔和，车拧到家"等；其次，针对不同绣种的具体绣法进行粗略的介绍；最后，总结了传统四大名绣的题材类型——传统文化、宗教民俗、本土自然特色、外来文化等。

参考文献

[1] 李娥英. 苏绣技法 [M]. 北京：中国轻工业出版社，1965：11.

[2] 林锡旦. 苏州刺绣[M]. 苏州：苏州大学出版社，2004：58.

[3] 王欣. 当代苏绣艺术研究 [D]. 苏州：苏州大学，2013.

[4] 苏州市刺绣研究所. 苏州刺绣 [M]. 上海：上海人民出版社，1976.

[5] 孙佩兰. 吴地苏绣 [M]. 苏州：苏州大学出版社，2009：12.

[6] 沈青，张謇. 雪宦绣谱 [M]. 重庆出版社：2017.

[7] 丁佩. 古典新读绣谱 [M]. 戚嘉富，合肥：黄山书社，2015.

[8] 蓉蓉，王欣. 传统苏绣艺术特色研究 [J]. 现代丝绸科学与技术，2016，31（6）：223-226.

[9] 朱华. 蜀绣文化探讨 [J]. 四川丝绸，2008（4）：44-47.

[10] 朱利容，李莎，袁伟，等. 蜀绣 [M]. 上海：东华大学出版社，2019：8.

[11] 赵敏，刘思勋，韦林龙，等. 中国蜀绣 [M]. 成都：四川科学技术出版社，2011：5.

[12] 乔熠，乔洪，张序贵. 蜀绣传统技艺的特性研究 [J]. 丝绸，2015，52（01）：47-53.

[13] 左玲，赵敏，赵睿昕，等. 近代蜀绣纹样结构形式研究 [J]. 丝绸，2011，48（3）：43-49，54.

[14]吴文轩. 绘画和刺绣的交融——蜀绣的文化特色与价值研究 [J]. 中华文化论坛, 2013, 84（4）: 171-177, 191.

[15]王孟一. 刺绣专书与清代刺绣书写研究 [D]. 无锡: 江南大学, 2021.

[16]唐利群, 刘爱云. 湘绣技法 [M]. 长沙: 湖南大学出版社, 2013: 11.

[17]赖凡英. 湘绣溯源及其艺术价值 [J]. 艺海, 2006（6）: 100-101.

[18]王焱, 张娴. 传统湘绣的艺术魅力与产业开发 [J]. 湖南第一师范学院学报, 2014, 14（3）: 114-116.

[19]吴颖露. 岭南地区广绣工艺的传承及保护 [J]. 中国民族美术, 2019（01）: 102-106.

[20]方慧生, 蔡泽民. 潮州揽胜 [M]. 广州: 花城出版社, 1983.

[21]贺琛. 中国女红 [M]. 苏州: 古吴轩出版社, 2009: 11.

[22]广州市工艺美术研究所. 广州刺绣针法 [M]. 广州: 广东人民出版社, 1959: 9.

[23]黄炎藩. 潮绣 [M]. 广州: 岭南美术出版社, 2014: 12.

[24]顾书娟. 广绣研究 [D]. 广州: 广州大学, 2011.

第四章

中国传统刺绣的
工艺解析

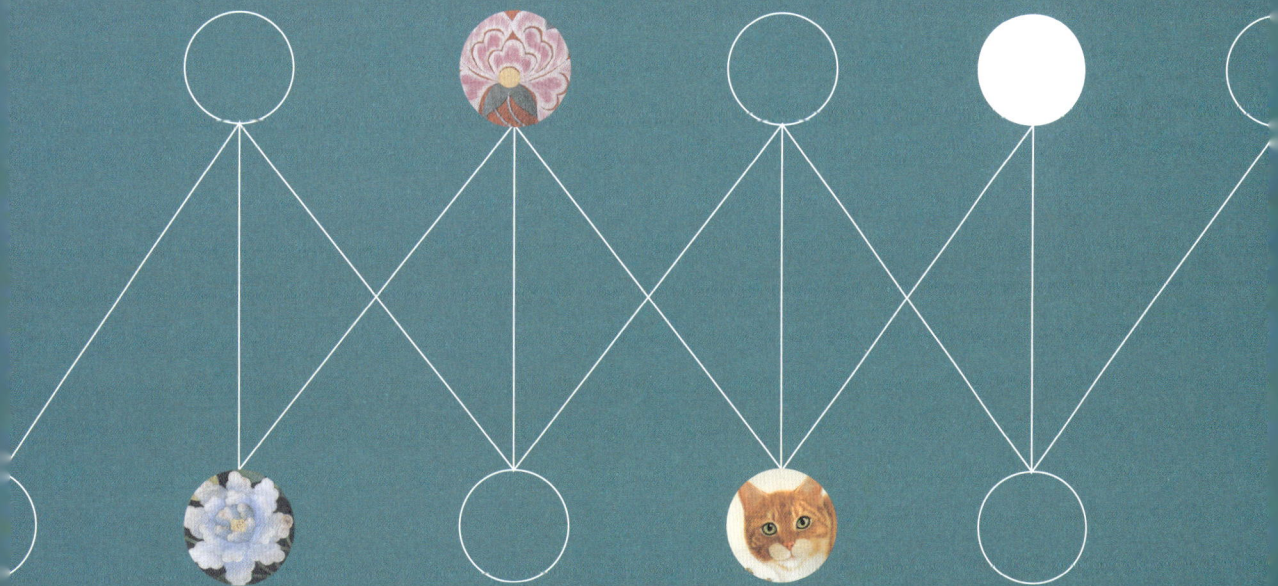

刺绣的针法工艺是绣品的重要组成部分，针法的演变与历史的变化有密切的关联。一件绣品的完成离不开刺绣的针法工艺，针法工艺决定绣品的样式、轮廓和观赏效果。针法的演变经针、线、布样展现出来，其演变如长度、方向、重复或层次的增加、排列次序、组合性、装饰品、密度色泽的变化等。

第一节
中国传统刺绣的基本针法

刺绣是由针、线在丝绸或其他纺织品上构成的一种技艺。由于社会的发展与文化科技的进步，刺绣的针法也由简单走向繁复，且有一定的踪迹可循。现在依针法由简到繁，可分为九大类型，一为直针系列，二为锁针系列，三为打子系列，四为平金、钉线系列，五为贴布、拼布系列，六为编织针系列，七为复合针法系列，八为装饰性针法系列，九为其他类别，为了便于介绍，暂且将它们全部归入一个类型。

一、直针系列

直针系列可分为长直针系列、短直针系列和多方向性直针。长直针又叫齐针，是指在一个图案内，绣相同方向的针迹，不论是水平、竖直，还是斜直，其排列的针迹都是平行的。为了轻易识别，将直针的横针、竖针都叫直平针或齐平针，如图4-1所示；一般来说，单针呈现时，称为直针绣；图案内满绣时，称为铺针，如图4-2所示；将方向斜倾的直针叫斜平针，如图4-3所示。

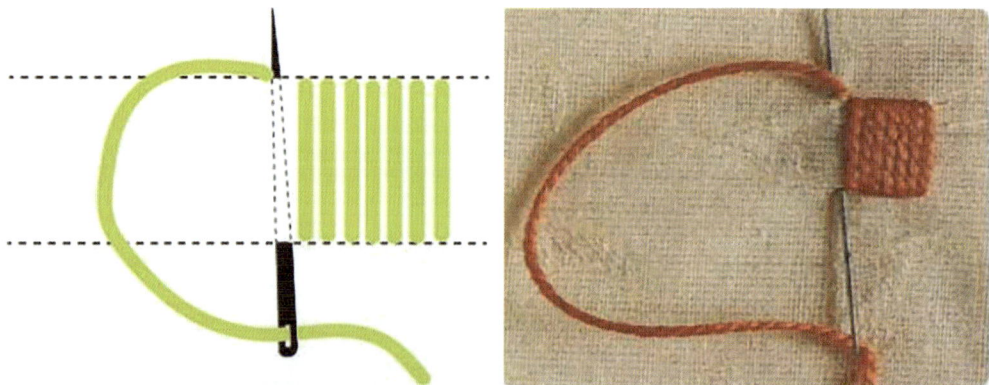

图4-1　齐平针

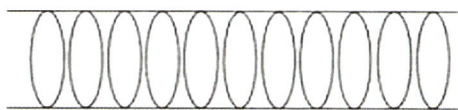

图4-2 铺针

图4-3 斜平针

1. 短直针

短直针相对于长直针，是一种针脚较短的直针。由于针脚短，因此更结实牢固，可以在不同的绣布上运用。绗针是一种最简单常见的短直针针法，如图4-4所示，绣时需用针向前挑绣，通常用来缝粗略的绣品。其实绗针也可放长针脚；在日常运用中，绗针是缝制被面最方便迅速的针法。

图4-4 绗针

2. 撒种针

撒种针指两针短直针紧紧并排或重叠而绣，便能绣出米粒般的微微鼓凸的针迹；绣时针针相间，方向不同，就像撒种一样，因而称为撒种针，如图4-5所示。

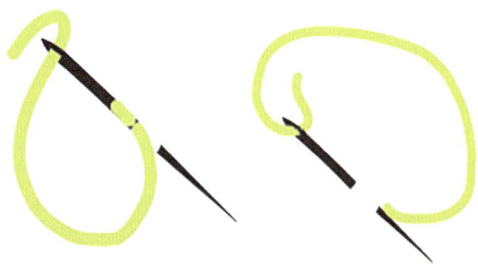

图4-5 撒种针

3. 扎针

扎针，以短小直针固定、控制松抛的长直针的针法，但扎针固定的方向与长直针的方向不同。

4. 多方向性直针

多方向性直针是指刺绣时运用两个以上不同方向的直针才能完成。羼针《雪宧绣谱》中写到的羼针（掺杂），即苏绣中的撒和针，也叫长短针。因为绣时线条平铺，针迹显露，长针、短针交错刺绣而得名，如图4-6所示。

图4-6　屬针

5. 施针

施针是直针的演变针法。多用来绣人物、动物和翎毛走兽。应形体的态势，在绣好的针上添加长长短短的直针，以强调动势，因这些直针的方向性不同，而有直施针横施针和斜施针。

6. 乱针绣

乱针绣是指以不同方向的直针彩绣的针法。乱针绣注重线条明暗深浅的变化和应用，利用色光的原理，暗隐处色浓线粗，光亮处色浅线细、针迹稀薄，如图4-7所示。

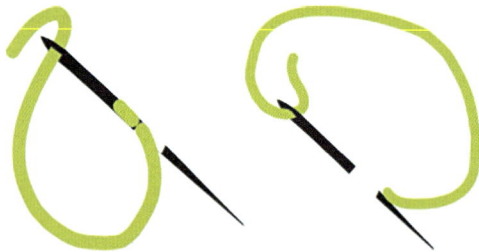

图4-7　乱针绣

7. 抢针

抢针，属于齐针的衍生针法，即在一个图案中通过改变丝线的颜色渐层绣出齐针。抢针又被分为正抢针法和反抢针法。抢鳞以抢针一鳞一鳞绣制的方式，鳞片之间留出细缝（即水路），分鳞而绣，绣时由外向内，颜色从浅及深。施鳞以套针绣出阴阳面绣地，再以施针分鳞羽使得鳞羽隐现生动。叠鳞以套针方式分出每片鳞羽的绣法，并在鳞羽之间不留水路。

二、锁针系列

因绣出的效果如锁链而称为锁针。锁针针脚密实而短促，容易转折、合色，是最古老的针法之一。锁针有多种变化，绣时单针一眼一眼地绣，称为单眼锁针，如图4-8所示。眼眼相连，称为连续锁针，如图4-9所示。

若想将锁针绣得更密实，则可采用辫绣，如图4-10所示。落针处是张开的，则为开口锁针。开口锁针也可以绣成一串串如水草的连续针，称为羽毛针。锁针起针与第一针落针处相交叉的，称为交叉锁针。

图4-8　单眼锁针　　　　　　　　　　　图4-9　连续锁针

图4-10　辫绣

锁边绣，索针的衍生针法，如图4-11所示，常用于缝制毛边、修饰边缘或绣小花。

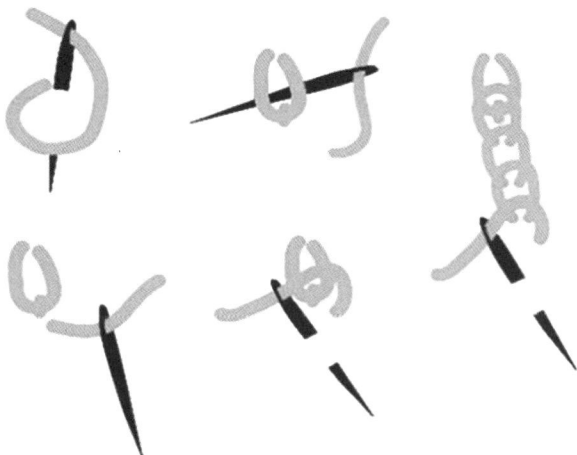

图4-11　锁边针

三、打子系列

一个针、一个点的绣法称为打子针。出针后，左手拉住线，右手持针，沿针尖绕一圈线，在距离原出针点一两根布丝处入针，入针前将左手的线拉紧，就绣成一个打子针。在距离原出针点有段距离再入针，则打子留有尾巴线，又叫拉尾子针，如图4-12所示，广绣称为长穗子针。

图4-12　拉尾子针

四、平金、钉线系列

以金线、银线代替综线钉绣出图案的针法，统称为平金。用金线、银线来绣，称为二色金，再加上红金线（赤金色或红铜色金葱线），合成三色，则叫三色金。平金的变化，如图4-13所示，因金线的运用和压线的排列各不相同，从而产生各种不同名称的针法，具体介绍如下：用单线或双线的金线来做钉线，单线平金，直接用针引出来做钉线即可；双线平金，则先对折金线，再将双线并排放置如绣样，然后做钉线即可。

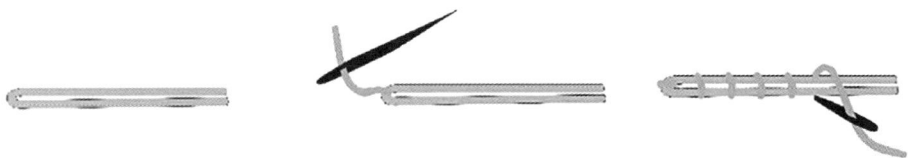

图4-13　平金

五、贴布、拼布系列

裁剪好两块材质、大小相同的面料，选择一块经过刺绣或做出造型后，再缝饰于主布上的方式；或将许多特定造型的小块布接缝在一起的方式，都属于贴布、拼布系列，这个系列分成堆绫、贴花、摘绫等。摘绫是将布料折叠或缝制成形，再钉饰于绣地上的方法。

六、编织针系列

编织针法可分为两种。一种针法是，或仿经纬纱织造方式，或以纬纱上下穿梭于经纱之间的方式绣制出提花效果的纹案。另一种针法则是，在十字纹布地或纱地纹路明显的布地上，以或垂直或平行或斜行的方向，数格子来刺绣出几何纹案。两种针法各有多种变化，但皆归为编织针法。

在十字纹布地上数格子的绣法，为"打点"绣斜一丝；但"挑花"则绣不同两斜针，呈"X"形，如图4-14所示。

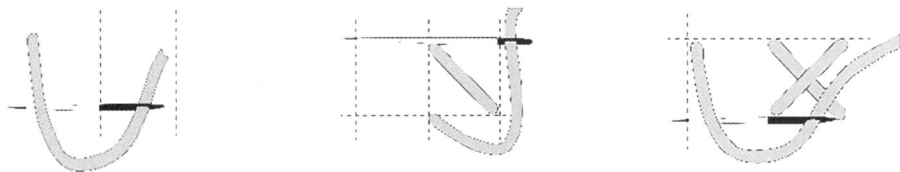

图4-14　十字挑花

七、复合针法系列

有些刺绣图案无法以单一针法或者步骤简单的针法来完成，皆归在复合针法里，其中复合针法系列包括旋针、散整针、高绣、包梗绣、网绣、双面绣等。混合运用接针、滚针、孱针等长长短短的针法，来绣回旋、卷曲、蜿蜒的线条或形体，即为旋针，如图4-15所示。散整针法并非原型单一的针法，其针法兼用施针、套针、接针和长短针。

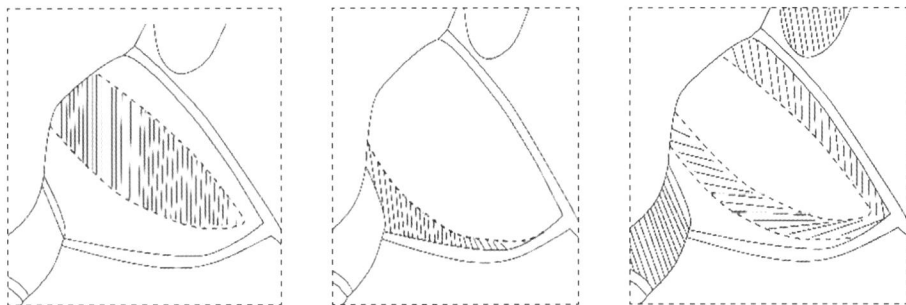

图4-15　旋针

八、装饰性针法系列

有一组丰富刺绣面貌的方式，是借增饰色泽或钉饰物件来完成的，均归在装饰性针法里。增饰色泽的方法有：预留布地以增色；绣一部分，染绘一部分；绣好后剪贴套色等。

染绣针法着重染色，分为"染布地"和"染绣地"两种，即贴布或铺绣后再染布地，或染绣地从而染出套针的效果。

借色，如图4-16所示，是指在刺绣时，一些部分不绣或绣的针迹较稀疏，使布地的颜色透出来，借以增色的绣法。

图4-16　借色

九、其他类别

除了以上八个系列外，还有众多类型的复杂刺绣，为了方便记录，暂且将它们归为一个类型。布褶系列，通过将布堆叠折出褶子，可以用相同的距离均匀的折出褶子或利用直针在均匀的布面上抽紧缝线做出褶子：抽纱，通过抽取十字纹布地的经纱或纬纱，利用剩余的纱支数获得不同的图案。

第二节
四大名绣的特色针法

一、苏绣的特色针法工艺

针法是绣花中的运针方式，同时也是一种线条的组织方式。每个针法都有其特定的组织规则和特殊的表现效果，只有选择适当的针法，才能更好地体现出绣品的质感。现将刺绣中几种常用的主要针法介绍如下。

（一）平绣

1. 齐针

齐针是绣花最基本的一种针法，也是所有绣花方法的基础。

（1）针法组织：将线条均匀、齐整地排列。

（2）刺绣方法：起针处和下针处应位于图案的外侧边缘，线条均匀排列，不得交叠，不得露出底面，并力求整齐。齐针按丝理的不同，可分为直、横、斜三种，即斜缠（图4-17）、直缠（图4-18）、横缠（图4-19）。且注意拉线轻重一致，绣时线绒要退松。针法例子如图4-20所示，从1处穿出，往下渡线，插入2、3处。

图4-17　斜缠　　　　　　　图4-18　直缠　　　　　　　图4-19　横缠

（3）应用范围：花鸟、人物、山水及其他图案等都以齐针为基础，因而初学者必须首先掌握齐针，锻炼刺绣技巧。

2. 抢针

抢针是苏绣传统针法之一，根据绣制状序和表现效果不同，可分为正抢、反抢和叠抢三种。运针方法是用齐针按纹样形状分层刺绣、后针衔接前针，一批一批地"抢"上去。配色上，则根据颜色

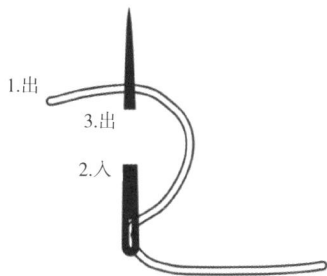

图4-20　齐针针法

深浅分批，一批紧接一批，可用颜色相近的绣线绣出由浅至深或由深至浅的色晕效果。抢针主要用于绣花卉、果实、山水等图案。采用这种针法的绣品较为结实，针迹齐整，层次清晰，色彩浓郁，极富装饰性。

（1）正抢针。

① 针法组织：用齐针针法，进行分皮处理，前后皮衔接而成，由外向里的顺序进行刺绣。

② 刺绣步骤：第一皮按纹样外缘用齐针绣出边缘轮廓，如图4-21所示，线条长约1~2市分（1市分≈0.33厘米），具体根据纹样的大小确定，线条的粗细在一绒左右。第二皮起称"抢"，起针位置要衔接上前一皮线条的落针处，以后各皮类推。注意后一皮针迹要刺入前一皮每根线条的末尾中间，切忌刺入两线之间；每皮的阔狭要均匀，丝理要一致，层次要清晰。

③ 用色：由深到浅，或由浅入深均可，但需顺序进行。

④ 应用范围：由于该针法装饰性强，适用于绣图案纹样，是刺绣日用品中经常运用的针法之一。

图4-21　正抢针步骤

（2）反枪针。

① 针法组织：由纹样中心有规则地向边缘进行刺绣，丝理的方向相同，前、后皮能相互衔接，除第一皮外都要扣线，由内向外顺序进行，皮头比正抢格外清晰、整齐。

② 刺绣步骤（图4-22）：首先将花瓣由花心向外，分成宽窄均匀的若干皮。然后齐针绣第一皮，从第二皮开始加入扣线。扣线即在前一皮的两侧线条末尾横向绣一针，在后一皮的边线中心点起针，将横向的绣线扣成"人"字形。由中心向两侧绣，每皮的起针须从两侧空处绣向扣线，将线紧扣出弧线，后各皮以此类推。

③ 注意事项：如绣凹形花瓣用滚针代替扣线；扣线必须扣紧；从第二皮起，落针的针尖要向扣线内泌进，以形成针迹齐整、皮头清晰的花瓣弧形。

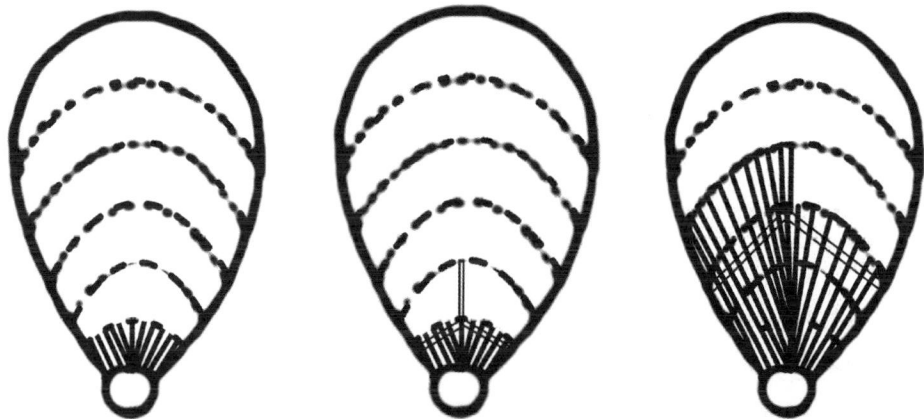

图4-22　反抢针步骤

（3）叠抢针。

① 针法组织：形似正抢针法，织物层次整齐分明。

② 刺绣步骤（图4-23）：分皮后绣一皮空一皮，交错间隔进行，直至纹样绣满为止。抢留空皮头时，前后两皮头、尾的针脚要衔接。注意每皮分隔的阔狭要均匀，绣线丝理方向要一致。

③ 应用范围：一般绣果子为宜。

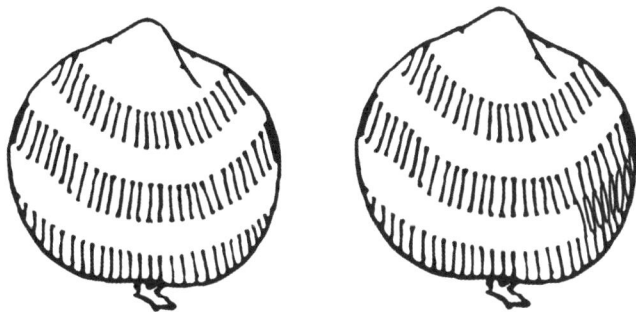

图4-23 叠抢针步骤

3. 套针

套针为苏绣主要针法之一，按分皮顺序相套而成，根据不同的针法组织与呈现的效果，可分平套、散套、集套三种。

（1）平套。

① 针法组织：平套是将纹样图案分皮后有序进行，将后皮的绣线嵌入前皮绣线中间，做到丝丝相夹，并且后线还需衔接着再前一皮绣线的末尾，使绣品达到镶色柔和、绣面平整的效果。

② 刺绣步骤（图4-24）：第一皮用齐针出边，线条长约1~2市分。第二皮起称"套"，套的绣线线条比出边长十分之一，使用稀针，一丝相隔一丝，罩过出边十分之六。稀针的排列间距要与绣线的粗细相匹配。第三皮的线条长短与第二皮相同，且每针在嵌入第二皮绣线中的同时应与第一皮的末尾衔接上。以后各皮均以此类推。注意排针稀密与用线粗细要均匀，每皮丝理要一致。

③ 应用范围：适用于绣被面、台毯上的花鸟、树石等。

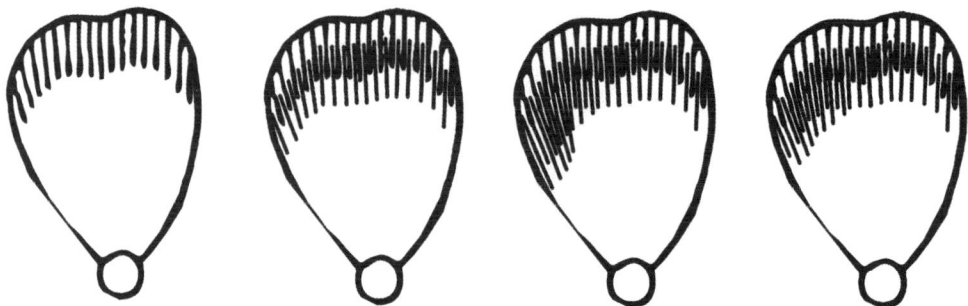

图4-24　平套针步骤

（2）散套。

① 针法组织：散套是目前苏绣的观赏品类中最常用、运用最广泛的针法之一，主要的特点是分皮进行，皮皮相叠，且绣线高低错落排列，针针相嵌。由于绣线组织形式更为灵活，不受色级、层次限制，故多用于表现刺绣物体的丝理转折。绣品的镶色浑厚、渐变自然，绣面细腻平整、少见针迹，能够将花卉、羽毛的柔软、舒展等特点栩栩如生地描绘，具有更加丰富的艺术表现力。

② 散套针刺绣步骤（图4-25）：第一皮绣出边缘轮廓，外缘整齐密集，纹样内部绣线长短参差交错，交错的距离约是绣线线条长度的十分之二左右，排针紧密。第二皮为"套"，排针为一针间隔一针的稀针，线条等长，针迹高低错落，线条罩过出边的十分之八左右。第三皮的绣线将嵌入第二皮线条中，与第一皮相压。以后各皮以此类推，最后一皮外缘轮廓线条排列紧密、整齐。

③ 应用范围：适用于刺绣欣赏品中的花卉、翎毛等。

④ 注意事项：两皮针迹之间的距离为同一皮线条长短差的间距，循环刺绣，绣面针迹参差错落，但仍均匀且规律排列。在凹凸转折时，丝理线条宜短，每皮的转折角度约为1~2丝，以便逐步转折，运行自如，线条粗细与排列要均匀。后一皮插针应插入前一皮两线之间，以隐伏针迹。

图4-25　散套针法步骤

（3）集套。

① 针法组织：集套针法组织大致与平套相同，由于集套是绣圆形纹样，因而在刺绣时要注意，每一针针迹都要对着圆心，在近圆心处要做藏针。

② 刺绣步骤（图4-26）：以直径一市寸的圆形纹样为例。第一皮用齐针出边，由于绣圆形纹样的特点，外缘的排针略为稀疏，内层密集。第二皮"套"，用一丝隔一丝的稀针绣法。线条需罩过出边的十分之六左右。第三皮的绣法与第二皮相同，但由于渐进图案中心，故要绣藏针，每隔三针，藏一短针。后各皮，由于接近中心处，故线条之间的间隙越来越小，需重新排列针法组织，按第一皮"套"的方法，越靠近中心，藏针数越多，直至绣满。最后一皮的针迹需集中于圆心。

③ 应用范围：适用于绣圆形纹样，如实用品图案上的太阳，以及欣赏品中走兽的眼睛等。

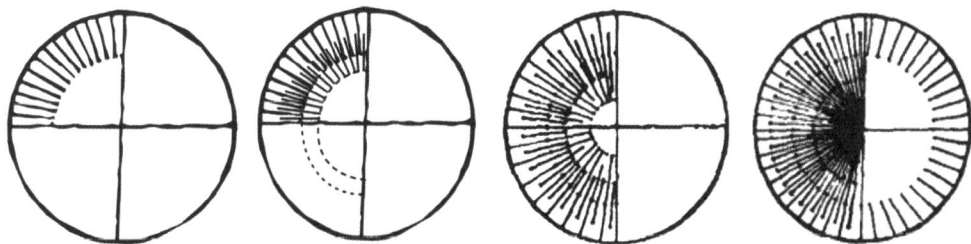

图4-26　集套针法步骤

4.参针

（1）掺和针。

① 针法组织：针法组织与散套组织基本相同，区别在于：散套线条交叠，掺和针为平铺；散套绣更加厚实，掺和针又薄又平；散套针的针迹隐藏在线中，而掺和针的针迹则较为明显。

② 刺绣步骤（图4-27）：从里到外进行。第一皮为长短线条错落排列。第二皮用等长的线条与第一皮绣线间隔上下错开，并嵌入第一皮的空隙中。第三皮线条与第一皮首尾相接。后各皮以此类推。由于掺和针的线条铺平，不重叠，因此针迹间距较大，针迹显露更为明显，但由于线条组织较灵活，且不受色彩层次的限制，因而镶色更加和顺。

③ 应用范围：绣树、石、花卉、鸟、人物、书籍等。

图4-27　擞和针步骤

（2）施针。

① 针法组织：施针是目前绣品中绣人物、动物的主要针法。特点是利用稀针针法，进行分皮，逐渐加密线条。因线条组织灵活多变，故有利于镶色或使丝理自然转折。

② 施针绣品的步骤（图4-28）：分皮进行，第一皮用稀针针法作为基础，绣线线条间一般间隔两针，具体需根据需要灵活变化，且长短参差。例如，色彩复杂的图案，需绣多层叠加，则需酌量将绣线排列稀疏，便于添加多色绣线，但排针间距要相等。后每一层均按前一层的组织方法，按绣稿的要求分皮加密线条，并逐步添加各色绣线，直至绣成。

③ 应用范围：欣赏品中的人像、动物、飞禽等。

④ 注意事项：如逐步加密是由于融合色彩，则线条应嵌直均匀，同色的绣线不宜并列，影响色彩的和顺。如鸟羽、猫毛的表现，可用深浅相近的同色系绣线交错表现，以表现毛线松软自然的感觉。

图4-28　施针步骤

（二）条纹绣

条纹绣是指用铺扎或是一针接一针的方法。通常用接针、滚针、切针、辫子股、平金、盘金等针法表现条纹形。

1.接针

（1）针法组织：接针是指前后衔接连续的短针，刺绣时应使后一针衔接上前一针的末尾，以此绣成条形如图4-29（a）所示。

（2）刺绣步骤：从纹样一端开始起针，绣一针长约1~2市分。后绣线线条长度与之相同，每针连续接续，后针起针应在前针线尾的中间，绣成一条线。

（3）应用范围：适用绣字、孔雀羽毛、鸳鸯头部羽毛，也可作缠针的辅助针法，宿绣也由接针组成。

（4）注意事项：凡用接针绣的线条平行时，针迹要参差如图4-29（b）所示。

图4-29　接针步骤

2. 滚针

（1）针法组织：滚针是由两条绣线紧密衔接连成条纹，线条特点是转折较为灵活，绣直线和曲线都适用。

（2）刺绣步骤：依纹样线条前起后落，做到针针紧密相接，线条约一市分左右，长短一致。为便于转折，转折处线条应减短。第一针绣好后，第二针应落针在第一针二分之一处，如图4-30（a）所示，使针迹能够藏在前一针线条下。第三针落针紧接第一线条的末尾，且使针迹藏在第二针的二分之一处，如图4-30（b）所示，以后类推。

（3）应用范围：走兽的鬐、眉、人物的头鬓、衣服的褶纹、细狭的图案纹样等等。

（4）注意事项：为避免露出针迹，起、落针应在纹样的线条中间，不宜偏左或偏右。

图4-30　滚针步骤

3. 切针

切针是刺绣针法中针脚最短且用线较粗的一种针法，绣成后的每一段，针针饱满，光线的反射下，像一颗颗细小晶莹的串珠。

（1）针法组织：成条状按顺序排列，绣线长度相同，每小粒长约四分之一市分的鱼卵形，如图4-31（a）所示。

（2）刺绣步骤：从纹样的一端起针，一针接一针，后一针必须回到上一针的原针眼处。每一针成均匀的颗粒状，绣时约2~3绒，用线线绒要退松，如图4-31（b）所示。

（3）应用范围：点缀反抢蝴蝶翅翼以及细密的图案纹样。

（a）　　　　　　　　　　　　　（b）

图4-31　切针步骤

4. 辫子股

辫子股的形状像头鬃梳成的辫子，比较结实且均匀。

（1）针法组织：以一根根等长的平行线缝合在一起，针针扣套绣成，如图4-32所示。

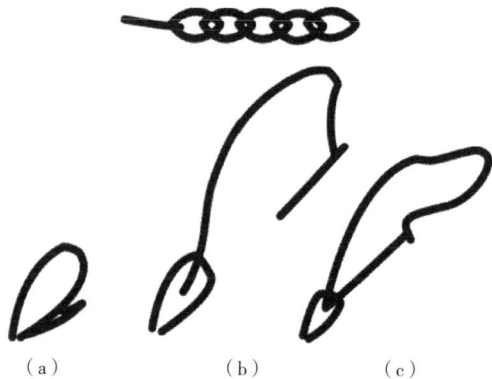

（2）刺绣步骤：第一针从纹样的根部起针，落针位置接近起针点，落针时将线绕成圈，如图4-32（a）所示。第二针起针于第一针落针线圈中间，如图4-32中（b）所示，两针之间相距约半市分，随即将起针线圈拉紧，如图4-32（c）所示，以此类推。

（a）　　　　　　（b）　　　　　　（c）

图4-32　辫子股步骤

（3）应用范围：装饰实用品，如枕套、围嘴、拖鞋等。

（4）注意事项：各针的起针和落针应保持相同的方向；线条在1~2绒，宜粗不宜细。

5. 平金

平金是一种用金丝在刺绣面上盘绕成图纹的针法。平金制品色泽明亮，平整整齐，装饰效果华丽。

（1）针法组织：它是由金线、丝线在图案的外层向内逐渐铺扎，金线是铺线，丝线是钉线。

（2）刺绣步骤：把金线绕在卷筒上，将两端都露出，让两条线并和，并在同时回旋。绣法的第一步，用短针将丝线横扎于金线上，并扣紧，然后将金线的线头从原针眼穿出，将线头藏在绣品反面，线头藏好后，按纹样轮廓，由边缘向内绣起，每隔半市分钉一针。如图4-33（a）所示，行与行之间，钉线应彼此间有一定的间距，并按桂花的形状排列。当第一层绣完后，再回旋向内绣，直至整个图案都被绣满如图4-33（b）所示。

（3）应用范围：适用绣花卉、水浪等图案。

（4）注意事项：要将金线头藏没，要注意钉子之间的间距要均匀、整齐，金线要绷得紧紧的，金线颜色可以与绣品颜色搭配，也可以是单色的。

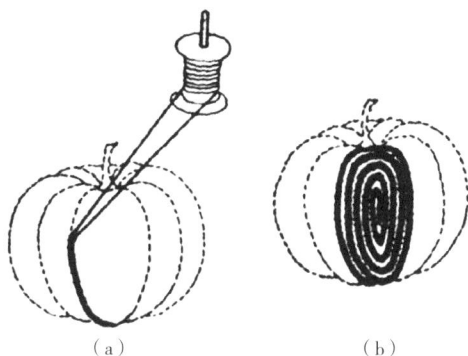

（a）　　　　　　（b）

图4-33　平金步骤

6. 盘金

盘金是平金绣的简单形式，可以做成装饰的绣品，使绣品更美观，色彩更协调，如图4-34所示。

（1）针法组织：根据丝绸刺绣的纹路，在绣花和没有绣花的纹路边上加上金线，如图4-34（a）所示。绣线分为"双金"和"单金"两种，一根金线是单金绣，通常都是由两条金线组成，因为它们的纹路是按照一定的轨迹盘旋的，所以也被称为"盘金绣"。

（2）应用范围：常常和打子针共同运用，一般用在实用及有强烈装饰效果的装饰上，如被罩、绣台毯等。

（3）注意事项：藏没金线头。绣花时应注重边线的正确性。在盘双金线时，有相交的花纹，如图4-34（b）所示，可以将相交处的金线和单线向内绕一周，然后返回，与原金线合盘，这样就可以省去起头和落头的工序。针脚线的颜色应和绣花的颜色一致。

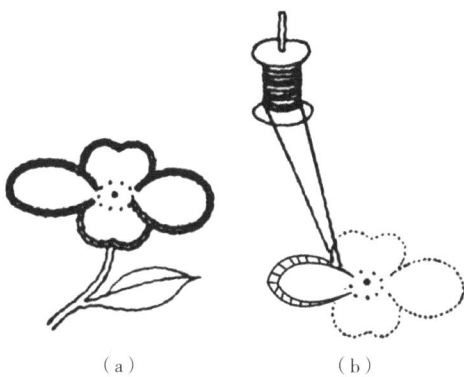

（a）　　　　　　（b）

图4-34　盘金步骤

（三）点绣

1. 打子

（1）针法组织：苏绣的一种传统缝纫方法，将绣线环绕为粒状的小圈，最后形成一整个绣面。绣一针见一粒子，故称之为"打子绣"，如图4-35（a）所示。

（2）刺绣步骤：手在上将线抽出，下面的手移到绣棚表面，将线拉住，把针放在线外，如图4-35（b）所示，在针上绕一圈线，如图4-35（c）所示，也就是在近丝根的上部向下扎，再把下面的手放回，把针头向下一拉，绷面即出现一颗粒，如图4-35（d）所示。刺绣的顺序是从外到里，刺绣的针脚要整齐。

（3）应用范围：适用于装饰性较强的图案。

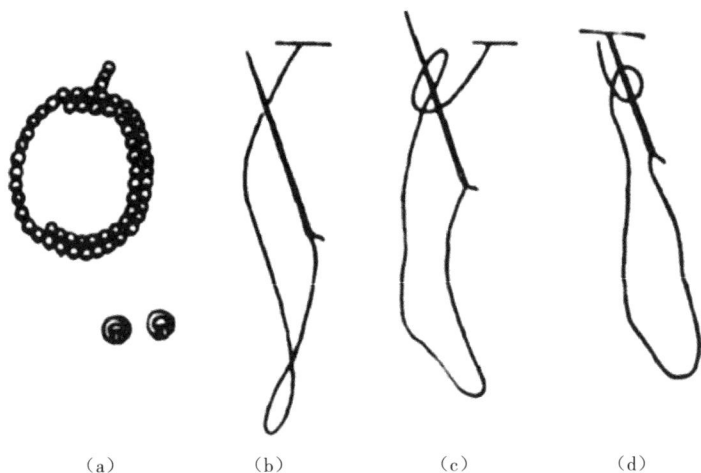

（a）　　　　（b）　　　　（c）　　　　（d）

图4-35　打子绣步骤

2. 结子针

（1）针法组织：结子针的形状类似于打子的，都有单粒的个体相构，但是结子是实心的，它的形状如珍珠一般，圆润饱满。

（2）刺绣步骤：线材从绣底中抽出来后，用上方的手将线材向前绕一圈，如图4-36（a）所示。再用针穿过线圈，如图4-36（b）所示，刺在起针的上侧落针，如图4-36（c）所示，上方的手把线圈拉起，如图4-36（d）所示，并把将绕圈收紧，下方的手把线往下拉，绷面就会形成一粒实心子，如图4-36（e）所示。

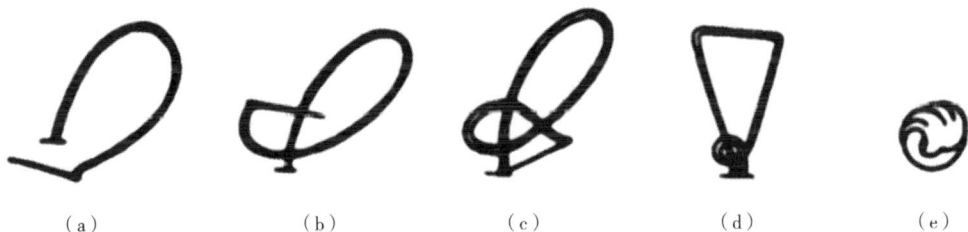

（a）　　　　（b）　　　　（c）　　　　（d）　　　　（e）

图4-36　结子针步骤

（3）应用范围：绣日用品图案为主。

（4）注意事项：用线宜粗，约二绒左右。

3. 拉尾子

（1）针法组织：拉尾子形似打子，在粒子的后面拖短针，像尾巴似的，故称"拉尾子针"。

（2）刺绣步骤：大致与打子相同。线拉出绣底时，在针实上绕一圈，如图4-37（b）所示。然后，线圈在针上拉紧，在离起针分许处下针，如图4-37（c）所示。线抽下，即成拉尾子，如图4-37（d）所示。

（3）注意事项：线条长度可根据需要决定。绣法顺序是由外向内成皮地进行，后一皮的子要压住前一皮尾巴的针眼。

（4）应用范围：绣花卉，特别是绣粟子最适宜。

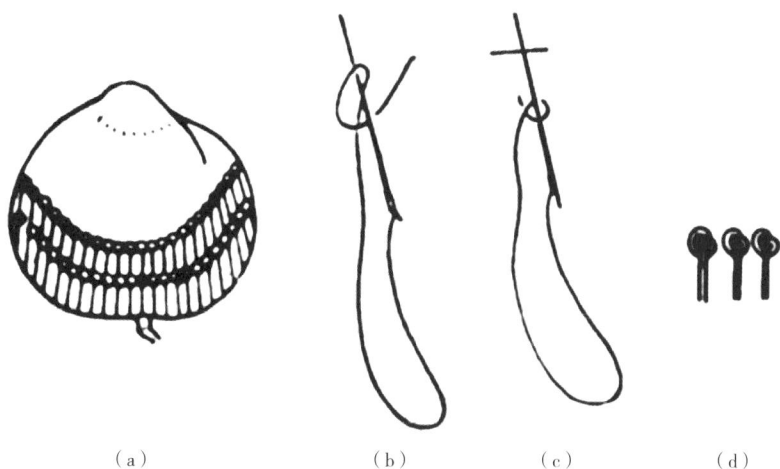

（a）　　　　　　（b）　　　　（c）　　　　　　（d）

图4-37　拉尾子步骤

（四）编绣

1. 拋绒

（1）针法组织：拋绒是用经、纬线拋成多种不同的图案，适合绣制具有规律性、连贯性的图案。

（2）刺绣步骤（图4-38）。以斜纹为例，首先，根据图案的长短，用生丝或白线做经线，距离约一丝或隔二丝稀铺，用绒线做纬线，依次排列。第一皮，每隔四根挑出一丝，然后是第二丝、第三丝，以此类推都相隔四丝。第二皮，抽一丝、隔四根，以此类推。第三皮，跨一丝、挑一根丝跨四丝，再挑一根丝跨四丝，以后均挑一丝跨四丝。第

四皮，隔二丝挑一丝，隔四丝再挑一丝，以后均隔四丝挑一丝。第五皮，隔三丝挑一丝，隔四丝再挑一丝，以后均跨四丝挑一丝。第六皮和第一皮的针法一样，第七皮跟第二皮一样，如此循环，直到把所有的图案都缝好。

（3）应用范围：绣小件的实用品为主。

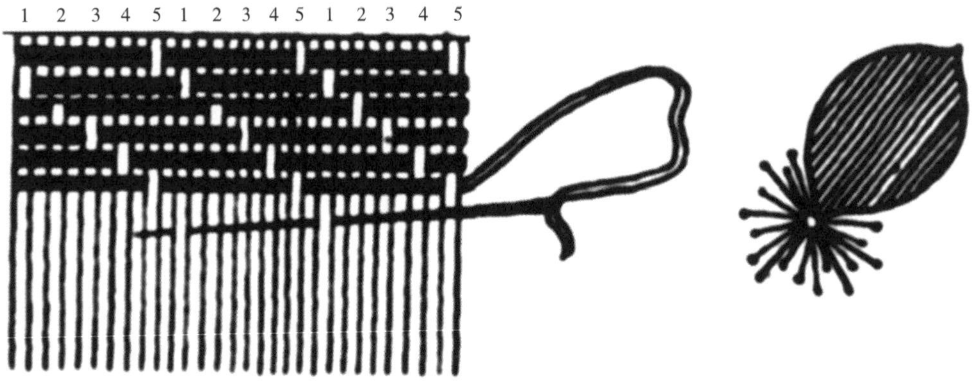

图4-38　�绒步骤

2. 鸡毛针

鸡毛针形似鸡毛，由人字形线条排聚而成。

（1）针法组织：可分交叉形、稀针交叉形、人字形三种，如图4-39所示。

① 交叉形。首先要观察花的中心与花瓣的丝理方向，用线或笔画定花瓣的中心线，然后根据花瓣的长度在正中间用长针脚从头至尾绣一针，如图4-39（b）所示，将一朵花的花瓣分为左右两边，然后从花瓣顶端开始，沿中心线刺绣，左侧的针法往右略过中心线，右侧的针法往左略过中心线，如此循序渐进，形成一个交叉的结点，如图4-39（c）所示。

② 稀针交叉形。找准中间位置，就可以开始绣花，每个针之间要有三、四针的间隔，并且要绣得均匀。线由左向右，由右向左交叉，全部穿过中线，直至边沿，如图4-39（d）所示。

③ 人字形。在确定中心线后，自花瓣尖端开始，两边各有一条横线，然后用针法很短的点针将横线扣出人字形，如图4-39（e）所示。其后又有一条三角线，连贯地排列，构成一条"人"字花瓣。绣的方法和上一针的方法一样，但是下一针的点针一定要落到上一针的针孔上，这样才能保证每一针的针头紧密，排列整齐，如图4-39（f）所示。

（2）应用范围：一般绣小的尖瓣花、建筑物的转角等。

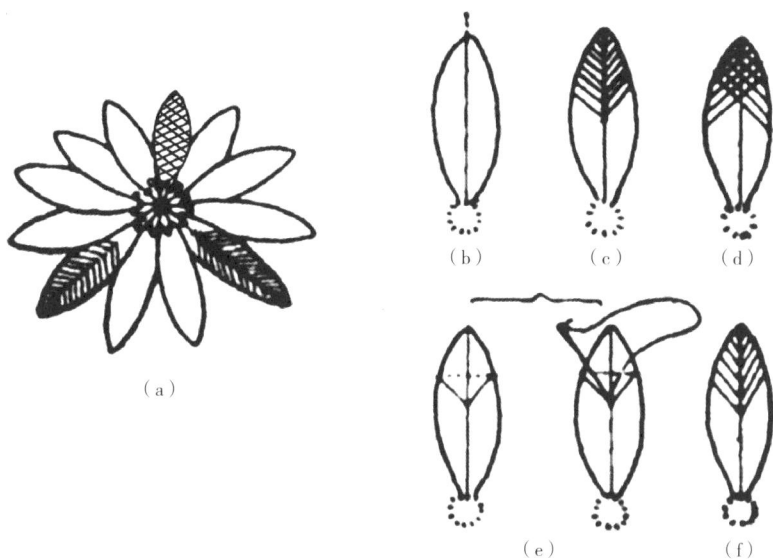

图4-39 鸡毛针步骤

3. 编针

（1）针法组织：编针形如竹编的花纹，有二月形、六角形、菱形等。

（2）刺绣步骤：用水平线，直线和对角线编织。就拿六边形为例。将这两条线，拼成了一个小小的菱形，如图4-40（a）所示。再将另一根线在菱形二角处把第一道线挑起来，压过第二道线，如此反复编织，绣面就变成了无数个六边形，如图4-40（b）所示。

（3）应用范围：适宜绣编织物，如竹篮、竹笠、竹篷等。

（4）注意事项：六角形每一小单位的面积要相等。

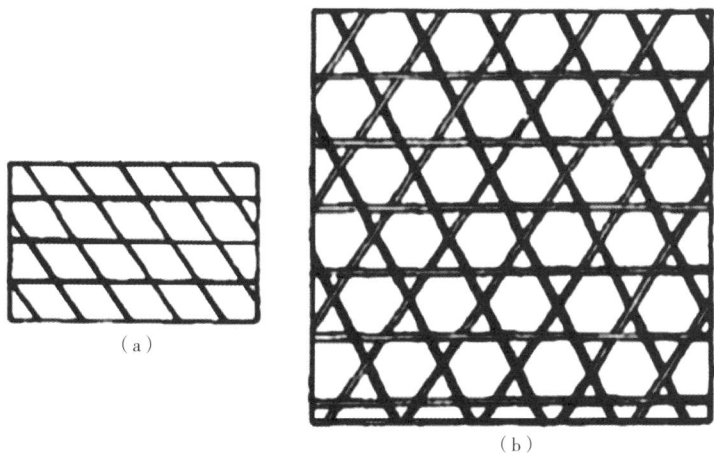

图4-40 编针步骤

4. 格锦

（1）针法组织：格锦由经纬交叉相压而成，能表现几何形图案花纹，形似织锦，故称"格锦"。用横、直、斜的线条搭成方形、三角形、六角形等连续几何形的小单位（即基本格），然后在这基本格上运用连续顺序相压的方法与不同线色格出各种美丽的图案花纹。

（2）刺绣步骤：有两种效果不同的压法。一种在基本格边线左右进行，叫"两边压"，如图4-41（a）所示。另一种是顺基本格边线一边进行，叫"边压"，如图4-41（b）所示。一边压是先用一针穿一色线在基本格竖线一边顺序绣一针，然后再用一针穿另一色线在基本格横线上顺序绣一针，如图4-41（c）所示。两针互相交叉，如此循环往复直至绣满为止。在最后一皮的每一交叉点上压一短针，以免线条起泡，如图4-41（d）所示。

（3）应用范围：绣实用品图案花纹。

（4）注意事项：每个基本格要均匀。

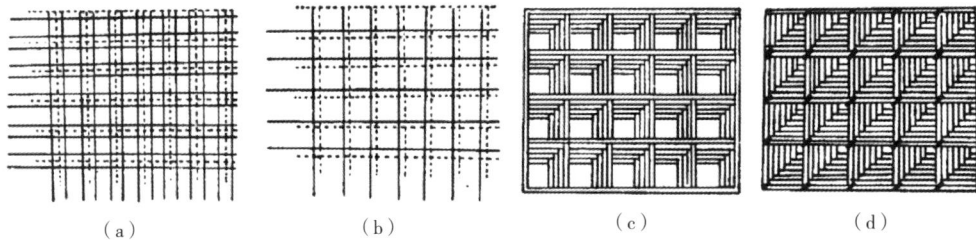

图4-41　格锦步骤

（五）纱绣

纱绣是以纱为绣底，按格眼数进行，可分三种。

1. 纳锦

（1）针法组织：纳锦不需要在纱底上画纹样，绣法垂直进行，以大套小的几何图案，绣满全幅，以每一个几何形为单位。

（2）刺绣步骤：以波浪纹为例。从纹样边缘第一眼起针，跨过六个眼，在第七个眼下针，以后每针均往下移一个眼，绣到第十针后，每针均向上移一个眼，直至与第一眼并列时，再往下移，如此循环往复，即成波浪形，如图4-42所示。第二皮波浪纹绣法相同，落针的针迹，要在第一皮原针眼中，以此类推，直至绣满。

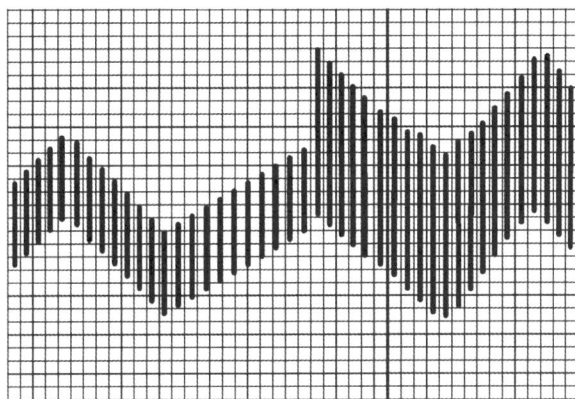

图4-42　纳锦步骤

2. 戳纱

（1）针法组织：戳纱上刺绣细小的几何图案，周围留出纱地，用色依图案次序，内深外浅，内浅外深。

（2）刺绣步骤：用纱布按照网孔的数量进行，用不同长度的竖线，按照一定的规律，错落有致地排布出不同的图案。图案多种多样，有芭斗纹、桂花纹等。比如芭斗纹，从纹路的边缘开始，穿过七个眼落针，然后和第二针平行。第三和第四针在三个眼上与第一和第二针错落，如图4-43所示。第五根和第六根针与前两根针是在一个位置上的。此后，亦是如此。到图案渐窄时，可以根据图案的要求，把线缩短，但是图案之间的空孔一定要对齐。薄纱上的花纹既漂亮又千变万化，芭斗纹只是其中最简单的一种。

（3）应用范围：适宜做实用品中的被罩、床毯以及欣赏品中人物的服饰等。

（4）注意事项：绣线要退松；绣时纱眼要清楚，切忌躺针将纱眼塞住。

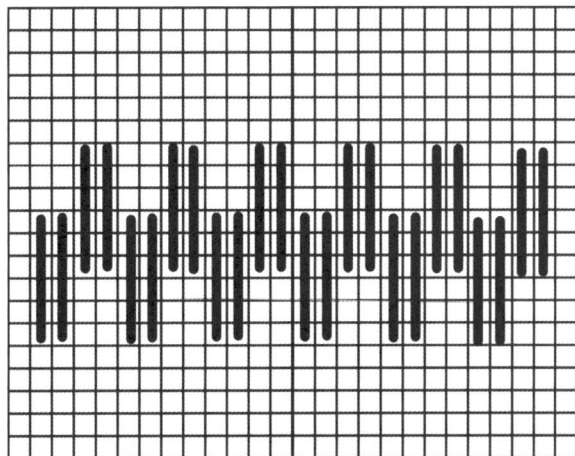

图4-43　戳针步骤

3. 打点绣

（1）针法组织：打点绣是用纱布做底面，按照纱格的经线和纬线点斜绣，每个点一个针脚，聚在一起形成的。

（2）刺绣步骤：首先，将线头隐藏起来，起针时，用针在交叉点刺下，在接近交叉点的经纬线上，会有一些显露出来，绣的时候，会将它绕没，如图4-44所示，之后，按照经纬点进行斜绣，每点一针。在快要完成图案的时候，要留意藏线头。隐头法就是在绣到最后三四针的时候，别把线拉得太长，待线缩回数针后，再把线拉紧，将线从根部齐刷刷地剪掉。

（3）注意事项：打点绣主要是将线头藏好，不露痕迹；起落针方向要一致。

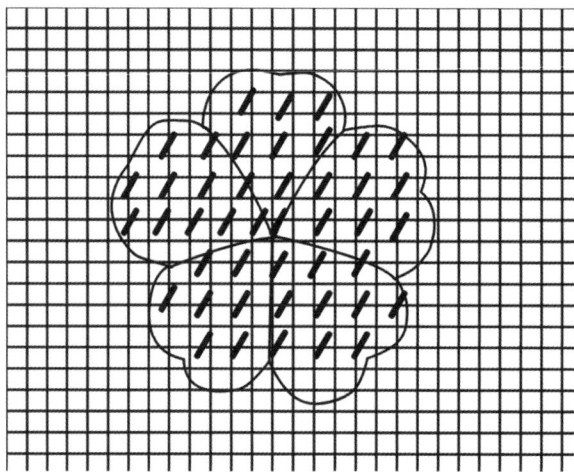

图4-44　打点绣针法

（六）辅助针法

辅助针在绣品中起辅助或点缀的作用，必须与其他针法配合运用。

1. 扎针

（1）针法组织：扎针是加于其他绣面之上的，用许多"人"形花纹相合而成。

（2）针法组织：例如，荔枝的图案刺绣，就是按照荔枝的图案和形状大小，在一条横线上绣上一针，如图4-45（a）所示。第二针的起针位置为横向针尖的中央，当下针时，扣起横针形成一个"人"字形；如图4-45（b）所示。第二皮"人"字形置于第一皮之上，并与第一张"人"字形形成一个"龟"形皮肤图案，如图4-45（c）所示。第三层和第四层也是如此，直至全部缝制完毕，如图4-45（d）所示。又如绣家禽的脚，如

图4-46所示，按照花纹的宽度，斜着绣一针，如图4-45（a）所示，第二针用点针把斜针扣成长尖角，如图4-46（b）所示。第二皮用相同的方法缝制两个斜角，如图4-46（c）、图4-46（d）所示，将脚趾上的斑全部扣好后，下面绣短针。

（3）应用范围：荔枝上的花纹、老鹰、鸡及其他家禽的脚。

（4）注意事项：花纹的排列要整齐、均匀。

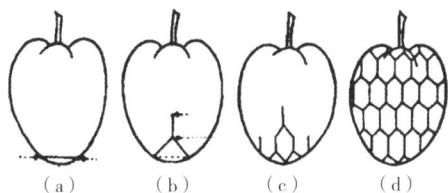

图4-45　荔枝

图4-46　鸡爪

2. 铺针

（1）针法组织：铺针平铺在绣面上，为底层。其铺布方法有两种：一种是直铺，即一针一针，将整个绣面平铺起来；二是根据图案的转折，在绣地上铺上接针。

（2）刺绣步骤：绣花时，线头要简洁，紧密地排列，使布线的方向和被绣物的中心线相吻合，如图4-47所示。

（3）应用范围：适用于有鳞片或斑点的动物和动植物刺绣，如孔雀、鹤、金鱼背和石榴、荔枝等。

（4）注意事项：线要退松。

图4-47　铺针步骤

3. 刻鳞

（1）针法组织：刻鳞形与鳞片相似，适合于描绘鸟背上的羽毛、鳞片等，如图4-48所示。但是一定要和铺针配合使用，在铺针的基础上加上鳞片。刻鳞有两种，一种是鱼鳞，另一种是施毛鳞。

（2）刺绣步骤：

① 鱼鳞：中心线方向即为刻鳞方向。首先，根据鱼鳞的纹路，把鱼鳞的纹路横缝，用短针把鱼鳞的横线扣成三角形，如图4-48（a）所示，用对称且相等距离的短针把鱼

鳞的纹路缝成鱼鳞或者羽毛的形状，如图4-48（b）所示。

② 施毛鳞：其刺绣方法与鱼鳞基本一致，只是施毛鳞的穿针线略长，形似"施毛"，如图4-48（c）所示。

（3）应用范围：适宜绣鱼鳞及飞禽的背部羽毛。

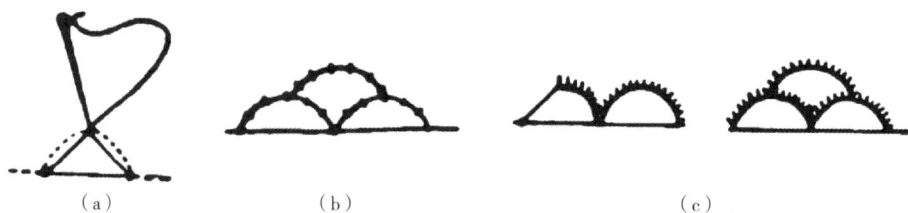

图4-48 刻鳞步骤

4.施毛针

施毛针是装饰绣品的辅助针法之一，用稀针成排地进行刺绣。

（1）针法组织：首先在绣面上横放一条线，然后用等间距的线布置而成。其排列方式有三种：

① 整齐的施毛线条（通常用于鸟类的翅膀）。

② 长短间隔的施毛线条，可用在蝴蝶的翅膀上。

③ 波浪状的细丝带，可用在蝶翼上。

（2）刺绣步骤：以绣蝴蝶翅翼长短相间隔的形式为例。先在蝴蝶翅膀上横压一针，如图4-49（a）所示，第二针用短针将横线扣于边缘，使扣线分为两节，如图4-49（b）所示。然后在扣线中间顺序向上绣，线条长短间隔，针隔一丝，如图4-49（c）所示。绣至边缘再回到扣线中间，顺序向下绣，至边缘即成，如图4-49（d）所示。

（3）应用范围：装饰鸟和蝴蝶的翅膀等。

图4-49 施毛针步骤

5.缤纹绣

缤纹绣又叫"乱钊绣"，由长短不一的直线、斜线、横线交织而成，可以重复加色。因为线头是分叉的，所以在搭配之后，各种颜色的线头都可以保持原有的颜色。颜色掺杂的数量没有限制，只要颜色、形状都差不多就可以了。缤纹绣中较常见的针法可分为三种：三角针、交叉针和树梢针。刺绣步骤如下。

（1）三角针。由大小不规则又有一定排序规律的形状组成，类似于我们常画的五角星的线条。首尾不衔接，长短不一且长度不能相差过大的线条很自然地缝合在一起，每一条线的开口和每一条线都可以缝合在一起，然后慢慢地铺开，形成一个平面，如图4-50所示。通过不同颜色的搭配，可以体现作品不同的质感，让画面更生动，比如水墨晕染感。此外，还可以在一层乱绣的基础上，再叠加一层到两层，使得作品的立体感更强，这种叠加的方式更适用于绣风景植物。

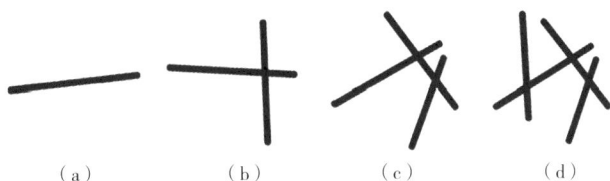

（a）　　（b）　　（c）　　（d）

图4-50　缤纹绣步骤

（2）交叉针。这种缝合方法广泛应用于人面及山水画中的树干、流水、动物躯体等。每个十字都有一个"局部空隙"，在这个空隙中，你可以随意地放入各种颜色和粗细的绣线，然后继续绣下去，如图4-51所示。绣一头狮子时，先用白色的绣线绣一层底，再用更细的棕色绣线穿插在"缝隙"中，慢慢地绣得更细腻，使狮子的毛发更富有质感。

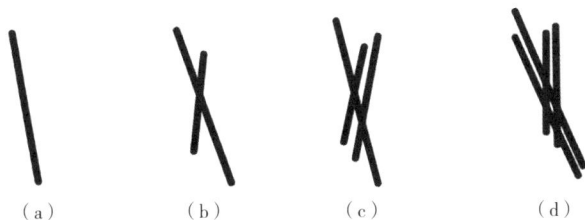

（a）　　（b）　　（c）　　（d）

图4-51　交叉针步骤

（3）树梢针。

① 针法组织：树梢针也叫"鸡脚针"。这个针法也非常简单，基本就是以一个点，然后散射出去的绣法，很像在画枫叶，如图4-52所示。绣植物风景时，一般还是多用到上述的两种针法，而这种针法则一般用于细节的处理，使整个画面更加立体、真实、完整，比平针套针更加活泼，不受拘束。

② 注意事项：线条交叉成直斜、横斜均可，但忌垂直交叉。

③ 应用范围：适宜绣人物、动物、风景、静物等。

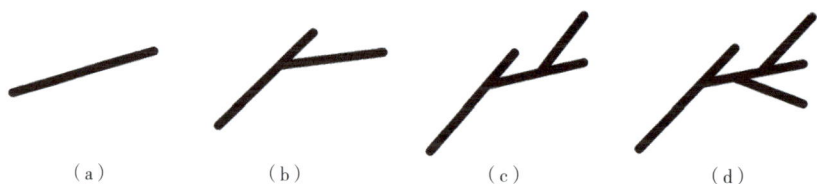

图4-52　树梢针步骤

（七）变体绣

1. 双面绣

双面绣的主要特点是在同一个刺绣操作过程中，完成正反面完全一样的作品，可供双面观赏。双面绣又称"两面光"，刺绣艺人在继承民间双面绣的技法基础上，刻苦钻研，发挥集体智慧，运用散套、施针等针法，在反复艺术实践过程中，克服了用针、跳线、镶色等方面的重重困难，获得了成功，绣制了大幅双面刺绣欣赏品，从而将刺绣技艺推向了新的艺术高峰。现在，双面绣已成为苏绣中具有独特风格的代表作品。苏绣艺人能运用斜缠、散套、抢针、施针、打点、缤纹针等各种针法，绣制花鸟、人物、金鱼、小猫等多种题材，并且在长期实践过程中，摸索了一套比较成熟的操作规律。其要领如下。

（1）记线、记针。记线、记针是代替打结的一种方法。绣时先将线尾剪齐，从上刺下，再在离针二、三丝处起针，将线抽剩少许线尾，下针时将线尾压住，连绣几针短针，将线尾藏没，这样，正反面均不露线头。

（2）用针。用针绣双面绣时，必须将绣针垂直（一般是用大拇指与中指拿针）。这也是绣双面绣的关键之一，其作用是不刺破反面的绣线，使正反面效果一样。

（3）排针。排针是双面绣最主要的步骤，因为排针的稀密直接影响到反面线条排列的斜度。如正面排针密，则反面斜度小；如正面排针稀，则反面斜度大。所以双面绣一定要按次序非常均匀地排列，才能使反面斜度相等，在第二皮套的时候，也就不会有交叉丝的现象。

（4）藏头。藏头纹样绣完后，在紧贴最后几针的线条旁边绣几针极短的短针，再将线尾穿入已绣好的纹样中，齐根剪断，将线头藏没。

以上几点是绣双面绣的几个关键，绣花卉、人物、走兽也都必须严格遵守。

以下是原地收针的步骤：

第一步，把针斜插入到藏针眼的绣面下，如图4-53（a）所示。

第二步，针眼停留在绣面的中间层，不能过底，如图4-53（b）所示。

第三步，重复钉两针，如图4-53（c）所示。

第四步，原地收针的效果，如图4-53（d）所示。

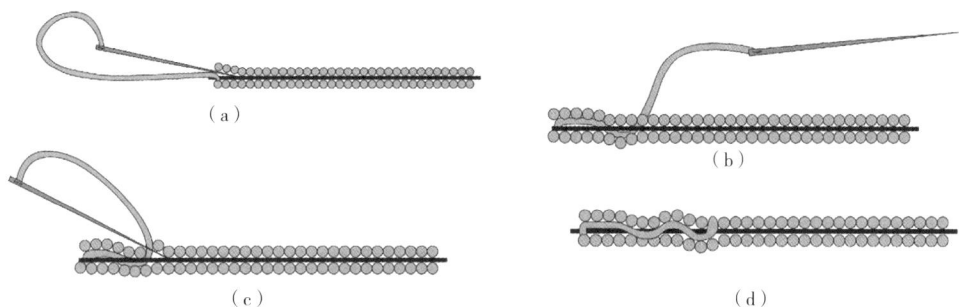

（a）

（b）

（c）

（d）

图4-53　双面绣步骤

2. 摘绫

摘绫是变体绣的一种，是将布料缝制或折叠成形，再钉饰于绣地的方法。

摘绫绣法是：以薄绫摘成花朵，而另用线缀在绣片上。如花一枝，其枝干用平金或其他绣法绣上，用色绫摘成花朵，用线缀上，其花蕊仍用针另行绣出。这和摘锦相似，不过，摘锦是全摘，粘以浆或胶；摘绫则不全摘，而是用线缀上。

制作日日春之类的四瓣花，方法如下：

第一步，先剪四片如图样大小的绢布或绫布（薄质布），如图4-54（a）所示。

第二步，沿对角线对折绢布如图4-54（b）所示。

第三步，将对折的绢布折缝成花瓣形状，如图4-54（c）所示。

第四步，将四片花瓣缝成一朵立体花形状，如图4-54（d）所示。

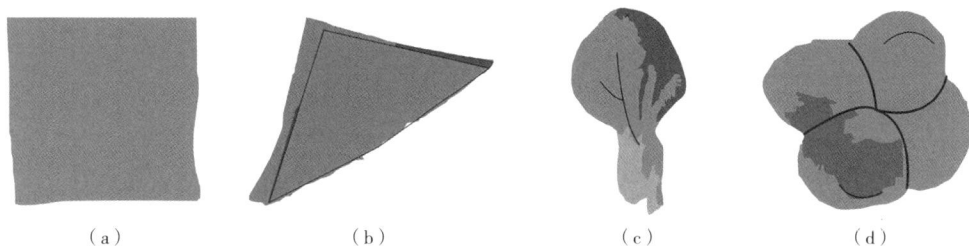

（a）　　　　　　　　（b）　　　　　　　　（c）　　　　　　　　（d）

图4-54　摘绫步骤

3. 穿珠

穿珠将珍珠或者珊瑚珠钉入花样中替代丝线，通常和丝线绣相结合来装饰综合绣，如叶为刺绣，花为钉珠等。绣法分两种，一是全钉，即用线将珠子穿成串，顺着花样的轮廓，从外到里，隔粒钉针，如图4-55（a）所示。二是在绣好的花瓣上钉几颗，适宜钉花蕊。可以穿一颗，钉一颗，边穿边钉；也可先穿好珠子，再在每两颗珠子亮片上加珠子，或单片散饰在绣品上，如图4-55（b）所示。

北京故宫博物院也有一件清乾隆年间的孔雀羽穿珠五彩刺绣吉服袍，其用蓝缎作地，上面以孔雀羽线满铺，再用细珊瑚珠、缉米珠、龙抱柱线、细捻金线等绣出九条龙纹，龙纹之间用五彩绒丝绣出彩云、蝙蝠、八吉祥、暗八仙、八宝、三多、灵仙祝寿纹、寿山福海纹等，十分豪华珍贵。这种用孔雀羽铺出地，再用米珠、珊瑚珠穿成珠线钉绣花纹的绣法，可专门称为"铺翠缉珠绣"，如图4-56所示。

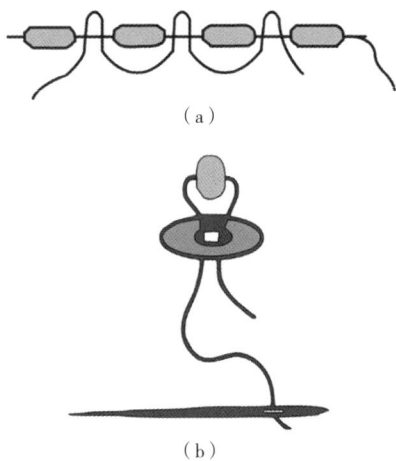

（a）

（b）

图4-55 花蕊穿珠针法

图4-56 铺翠缉珠绣

4.补画绣

补画绣是绘画和刺绣同时进行的一种方式。但其绣制的只是画面中很小一部分图像或绣制的是其主体部分与点缀品。如绣《莲塘乳鸭图》，就只绣乳鸭，莲塘水草都用笔画。又如绣古装仕女，只绣衣上的花饰，其余用笔画。因为笔画多、线绣少，所以称"补画绣"。

补画绣工艺有两种方式，一种是在绣好的绣面上用绘画的方法加以手绘，这种方法在早期的广绣作品中出现较多，这种方法叫先绣后补画，补画的面积不等，一些是画多绣少，更多的还是画少绣多。另一种是，在丝缎上先画好画面，再在画面基础上刺绣，画底作衬托，这种方法叫先画后绣。一些画多绣少的绣品，在画中精辟闪光之处，用晶闪的绣线提点，使画面特别耀眼夺目，由于画色颜料容易退化，这种方法的运用还是比较少。如图4-57所示，孔雀羽的颜色为绘画，而黄色部分则为绣制。

图4-57 孔雀羽补画绣

图片来源:《传统刺绣针法集萃》

5. 借色绣

借色绣主要利用与画稿相近的底色,结合虚实针的特点,表现光线的明暗。刺绣时,某些部分不绣或绣得稀稀疏疏的,使布底的颜色透出来,借以增色。

借色绣绣法是绣画并行,借绣面画稿的着色以助匀密,此种借画以造型的绣法,已经成为刺绣的一种样式。一是绘制绣面时,沿画幅姿态,以疏密攘攘的线绣制,显出光彩,以绣制山、水、石、乱草等底色为主;二是借绣地的颜色来减省绣工,绣地色彩取天光水色之和,每一幅绣制面积仅占画面的十之二三,凡属地色相近的景物,仅依稀绣描。如图4-58所示,布底色为蓝色,树干和鸟的翅膀部分运用了借色绣,呈现出布底的颜色。

图4-58 《先春四喜图》

6. 叠绣

叠绣又称"肉入针",一般与其他针法,如散套、缠针结合运用。叠绣绣法有"高叠绣""平叠绣"两种。

(1)高叠绣。适合刺绣果实的圆状物。将废丝或棉絮搓成球状,用丝线扎入绣花图案中,然后,再把原定针法绣上去,一般采用散套。

例如,梅花瓣的绣法用两根针,一根大的针穿数根色线,从梅花中心穿出,把线分开套在梳子上,用左手靠布拉紧,再用另一根大针也由第一根针穿出处穿出,如图4-59所示。再在木梳上的经线上一根隔一根地来回编线,编到和原定纹样略大一点时,中间衬以棉花,将穿数根线的第一根针在花瓣的边的中心处落针拉下线,再将第二根针也在

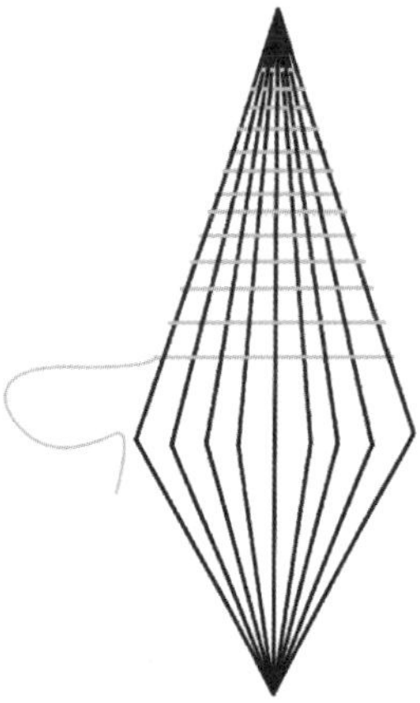

花瓣的头上穿下收紧，花瓣的边沿便成一片高起的梅花瓣，如此绣成五瓣，便成一朵美丽的梅花。

（2）平叠绣。

①针法组织：适宜绣微微叠起的花叶等，如菊花，在绣前先用粗线打底，然后用原定针法（缠针）绣。

②应用范围：适宜绣果子与金鱼的眼睛。

③注意事项：打底线与绣线的朝向不应相同，否则，底线与绣线就会相互混淆，从而导致品质下降。

7. 染绣

朱凤在《中国刺绣技法研究》中说道："元时的绣，人物花鸟用墨描眉目，以画代绣，由此开端，清代以后还有此流风。"在本书中，染绣针法则着重在"染"字；将之分成"染布地"及"染绣地"两种，即贴布或铺绣后再染布地或染绣地，从而染出套针的效果，如图4-60、图4-61所示。

图4-59　高叠绣

图4-60　染布地

图4-61　染绣地

图片来源：《传统刺绣针法集萃》

二、蜀绣的特色针法工艺

蜀绣针法是我国数千年以来的刺绣工艺，在漫长的历史发展过程中，受地域环境、人文风情等因素的作用，已逐步发展出自身的技术与特色，可以用"密不成堆、稀不见底、光亮平齐、针脚细密、内实外松、张弛有度"来概括。传统蜀绣针法大约分为12大类122种针法，下面介绍蜀绣的18种常用针法。

（一）齐针

齐针是最基本、最简单的刺绣方法之一。从纹样一端到另一端用直线绣出图案，起针和落针均绣在纹样边缘，针脚排列平行、整齐均匀、紧密细致、不重叠、不漏底，绣面与边缘整齐光洁，纹样轮廓清晰。其中包括直纹绣与斜纹绣两种方法。

1. 直纹绣

直纹绣又称直纹针，绣制的图案用平行或垂直花型中心线的线条，绣出纹样的形体，起针、落针全在纹样轮廓的边缘处，如图4-62所示。

2. 斜纹绣

斜纹绣又称缠针、斜纹针，采用与花型中心线斜行的短线缠绕纹样的轮廓绣制，适合绣一种颜色的形体，也可用两色相接的方法来处理颜色的变化，如图4-63所示。

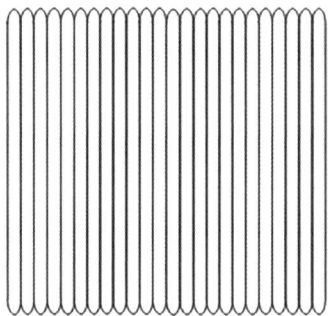

图4-62　直纹针

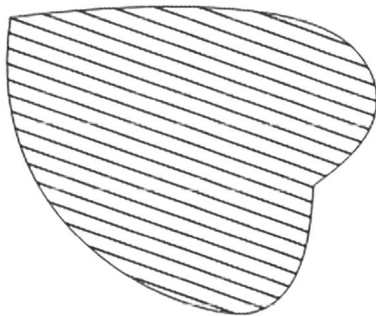

图4-63　斜纹针

（1）注意事项：使用齐针，必须要按照绣稿的轮廓线来绣，不能偏离。线迹平整均匀，不能有疏有密。绣线张力大小要一致，线绒要退松后再伸紧以保证绣线平直，绣面光亮。

（2）适用范围：齐针一般用于花型面积较小的图案，或用于其他针法的打底，如施毛针、锦纹针等。

（二）切针

切针也叫"刺针"。针迹与针迹相连而刺，第二针必须接第一针的原眼起针，针迹要细如鱼籽。切针可以延长线条，但会露出针脚，如图4-64所示。

适用范围：这种针法可以绣曲线、直线和其他线条。但它有不能藏去针脚这一缺点，一般多作辅助针法。

图4-64　切针

（三）接针

接针又叫"倒退针""回针"。接针的特点是线迹直挺平顺，既容易藏去针脚，又可以随意接长。用线段均等的短针前后衔接连续进行刺绣，其绣法是：先平绣一针，然后以第二针紧接第一针尾的里面，连续操作，针迹长短要一致，如图4-65所示。

适用范围：接针用途很多，如绣线条、马鬃、松针、水草和汉字等，接针常用于表现各种纤细的线条。如鱼背上的筋、叶片脉络、衣服的褶皱等，用短针接绣曲线也是适宜的。在绣行书、草书的转折处，最适宜用这种针法。

图4-65　接针

（四）滚针

滚针也被称为"曲针"，是指两根针尖呈一条直线排列，彼此紧密相连，一针靠一针地滚。

1. 刺绣步骤

在刺绣的时候，将第二针放入到第一针的一半位置，然后将它的线条压在下面，然后第三针放入到第二针的一半位置，以此类推，每一针的长度都是一样的。除了第一根针，其余的起落针全要在绷子上面，用一只手拉动原线，把起落针脚隐藏起来，如图4-66所示。绣成之后，如一笔写就，行笔疏密有致，不露针痕，且粗细均匀工整。

2. 适用范围

滚针适用于表现各种直线或曲线的线条，勾画纹样轮廓、花草叶脉、细小的茎及树藤、松针等。

图4-66　滚针

（五）晕针

晕针是有规律的长短针，用来表现绣品的色泽层次、光影明暗。其针法是一批一批地施绣，就是指前批和后批如鱼鳞一般层层运针，又像犬牙一样互相错丌，使刺绣针法层层施绣。蜀绣晕针具体可分为：二二针、二三针、三三针、长短针。

1.二二针

（1）针法组织：二二针，边口不齐，线迹长短自由，可随纹样随意调整线迹长短，使绣面层次更为丰富，使用时更加结实耐磨。

（2）刺绣步骤：第一批从边上起针，边口要齐整，排针时一针长、一针短，短针约为长针的二分之一；第二批开始用长短一样的针脚两针一组错开接入，在第一批的针尾进去少许处落针，按排针顺序绣制；第三批需转入第二批尾少许处落针，两针一组错开接入；第四批又接入第三批尾少许处；依此类推。绣到边尽处仍改用齐针收边绣完，针口仍需齐整。如每批逐渐变换色线深浅，则可达到晕色的效果，如图4-67所示。

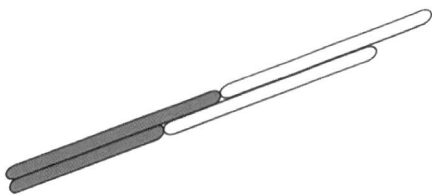

图4-67　二二针

（3）注意事项：二二针针迹需平直，不能歪斜乱插，要有一定的规律。二二针的针脚长，丝理难于圆转，晕染颜色不易和顺，针迹容易外露，用针比较简单。

（4）适用范围：二二针适用于小面积部位。

2.二三针

（1）针法组织：二三针，具有表现力强，绣面平齐光亮，针脚均匀，结实耐磨的特点。

（2）刺绣步骤：第一针从边上起针，边口要齐整，排针时一长、一短排两针，再按长、中、短阶梯形排三针，照此秩序，五针一组排满第一批；第二批开始用长短接近的针脚按第一批的五针一组套入第一批的针尾进去少许处；第三批需转入第二批针尾，依此类推。二三针针路较二二针接得深，晕色效果更胜于二二针法。二三针排列时可改变其顺序，第一批从边上起针时，五针一组，长针放在中间，如图4-68所示。

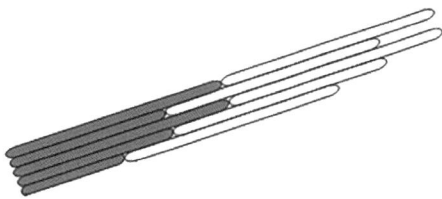

图4-68　二三针

（3）注意事项：二三针针脚短，不容易露出针迹，色线的光泽饱满厚实，丝理及浸色技艺都容易达到圆转和顺的效果，用针比较密集，绣线比较细。

（4）适用范围：二三针用途较广，凡是正面或稍微倾斜的绣面均可使用这种针法，是绣日用品与欣赏品的主要针法。

3. 三三针

（1）针法组织：三三针，又叫"全三针"，绣面平整，排列均匀整齐，克服了铺针容易起抛漏底、光泽没有层次变化的缺点。同时，它也弥补了齐针排列过于整齐，绣线层次缺乏变化的不足。

（2）刺绣步骤：三针为一组形成一个循环。第一批从边上起针，边口要齐整，排针时按长、中、短阶梯形排三针，照此秩序排满第一批；第二批开始用长短接近的针脚按三针一组错开接入第一批的针尾进去少许处；第三批又转入第二批针尾，依此类推，如图4-69所示。

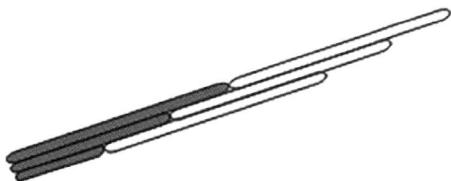

图4-69　三三针

（3）适用范围：适用于倾斜运针的绣面，普遍用于花卉、人物等。

4. 长短针

（1）针法组织：长短针，又叫"掺针""犀针"，有的地方也叫长短套、毛套、散套。针法和二二针、二三针相似，只是每一层针脚略有长短，根据渲色要求变化针脚长短。这种针法针迹参差不齐、相互错接。

（2）刺绣步骤：长短针迹参差掺用，后针从前针之间的缝隙处插出，边口参差不齐。接的时候可根据形态丝理收缩或放开。按丝理进行减针或加针，减针或加针时从缝隙处插出短针。绣时操作顺序可以由内向外或由外向内，线迹呈放射状，由于增加色彩变化，色线交错排列，形成色彩空间混合的效果，使色彩比较调和，镶色和顺，多用来绣仿真形象，如图4-70所示。

图4-70　长短针

（3）适用范围：其针法广泛应用在花鸟、动物、人物等仿真绣中，表现比较灵活的线条组织。其特征是不受色彩层次的制约，镶色顺和，和谐真实等。多用在明暗变化的地方、多绣干花叶、枝条、山石、羽毛、皮毛、衣物等颜色的过渡处。

（六）车拧针

车拧针又叫"车凝针"，从一个方向向另一个方向扭转的绣法，呈弧线形。所谓"车"是由中心起针逐渐向四周旋转型扩展，如绣动物的眼睛，一朵花的花瓣。所谓"拧"指运用长短不同的针脚，从刺绣形象的外围逐渐向内添针或战针针法旋转，中间藏针，如图4-71所示。

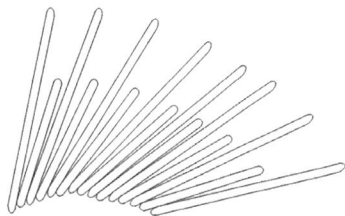

图4-71 车拧针

该针法适用于图案的弧形部分或圆形轮廓，如绣卷曲的树叶、蜿蜒的云纹、回旋激荡的波浪等纹样。常用二二针或三三针按丝理转折方向进行车拧。车拧针常与滚针、晕针、施针等针法结合使用。

（七）抢针

抢针又叫"戗针"，表现深浅颜色层次过渡的针法，分为正抢和反抢。"抢"的意思就是用后针衔接前针，使颜色逐渐晕染开来。以短直针沿形体之姿，后针接前针、分批前后连接、成批抢注而成的针法。丝理方向一致，每批头尾相接，层次清晰，其配色是把深浅分成批数，一批一批地逐渐使其匀称相接。

抢针要求批与批匀称干净，针口齐整。抢针针法层次清晰均匀，富装饰性，适用于绣图案装饰型花样。

1. 正抢

正抢又叫"顺抢"，用短直针顺物体的形态由外向内绣，不加压线，第一批出边用齐针，阔度为0.3cm，第二批必须介入第一批的末尾处，以此类推，如图4-72所示。每一批次都要均匀，色彩可以从浅到深，也可以由深变浅。遇到花瓣相叠、叶片错开、枝茎叉开等情况，就在想要表现出来的部位留出一线距离，以便露出绣底并区分界线。

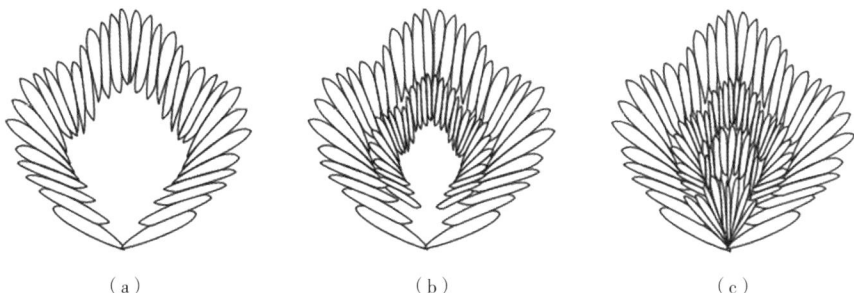

（a）　　　　　　　（b）　　　　　　　（c）

图4-72 正抢

2. 反抢

反抢，反抢绣法与正抢相反，即由里层绣到外层，第一批做好后，将针刺在原批的边缘，再在另一边落针，使绣好的一批压上一条线，在做下一批时需将这一条线罩去，如图4-73所示。绣制时要求平匀，整齐。此种方法在处理有弧度的形象时，压线往往不好处理，改进后的方法是按弧度分弯压线，以取得较自然的效果。在处理凹凸转折的形象时可以采用此种针法。

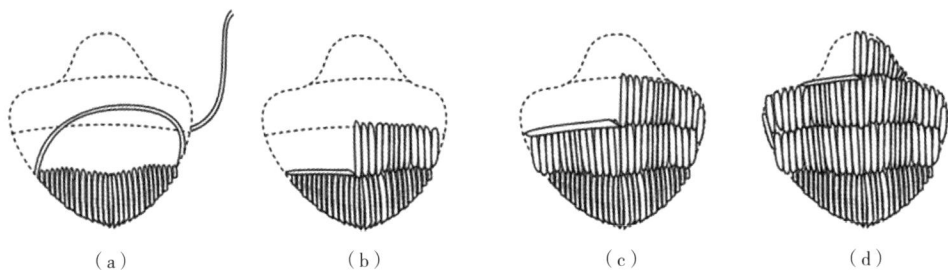

（a） （b） （c） （d）

图4-73　反抢

（八）散整针

散整针是一种既有套针，又有长短针，还有施毛针、接针、沙针等多种针型组合使用的针型。刺绣时，可根据具体情况选用。例如，绣云烟，厚重处以套针细线为整针；淡处、曲处分别采用接针、长短针、施毛针；极浅色的地方使用沙针；较细而短的线条使用散针。散整针也可以用来表现长毛、软毛型动物的形态边缘毛感。例如，家猫的毛发细而软，排线时方向要有所变化，线要分得很细，如图4-74所示。

图4-74　《猫》

（九）沙针

沙针又称"虚针""散针"，是用来表示断断续续的线条及虚线的一种平面针法。其特征是缝线断断续续，隐约可见，用车旋针，长度不一。针越稀，线越细，色越淡，看似虚无，触摸有实。例如，中国画的山水、水墨画，也可以用这种绣法，如图4-75所示。这幅画是按照绘画的意境和风格来进行绣制的，如斧劈的石纹、水纹等，着墨处都以密针暗色，未着墨处以虚针浅色。

图4-75 《飞天》 作者：吴玉英

（十）铺针

铺针用长直针顺着背部的方向，如平铺一般将背部绣满，因此称为铺针。铺针适用于刺绣物上的底层铺色或在纹样内铺色。可作为扎针、刻鳞针或施毛针的底层。铺针有两种铺法：直铺和斜铺。

1. 直铺

线条沿竖直方向为直铺，如图4-76所示；沿水平方向为横铺，如图4-77所示。

2. 斜铺

斜铺为根据图案的变化，以接针铺绣，如图4-78所示。

若要绣制凤凰、孔雀、仙鹤、鸳鸯、锦鸡、金鱼、鲤鱼等兽背，则需先铺针打底。例如，绣制腹部时，一般品以二三针绣制，精品再于二三针以上绣施毛针。且二三针采用浅色线，施毛针采用深色线。铺针的线条组织简单，但排针宜密，使铺针方向与形象的中心线一致。重点在于线条的规整、平行和统一。

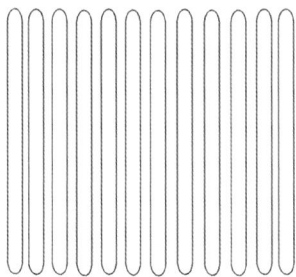

图4-76 直铺针法

图4-77 横铺针法图

4-78 斜铺针法

（十一）施毛针

1. 针法

施毛针是施加于铺针或二二针、二三针、三三针、长短针等其他针法之上的针法。

2. 刺绣步骤

一层首先以稀针为底，丝线长度不一，丝线之间的间距应按需而定，通常为两针相隔。若颜色繁杂，需要多层刺绣时，可以适当地进行疏密处理，以方便添加颜色，但疏密处理时应保持相同的间距。之后，每一层都要按照上一层的方式，用稀针扎制，并按照绣图的需要，进行层层的加色，直到刺绣完成，色彩从浅到深。

3. 注意事项

绣制时要有"疏而不密，歧而不并，活而不滞，参差不齐"的特点。出针的方位要根据体位来决定，可以直施、横施、斜施，亦可合抱而施，具体运用时要根据纹路来决定。

4. 适用范围

施毛针的应用极为灵活，这种针法多用于走兽类领毛多的动物，如图4-79、图4-80所示，也可以用这种针法绣其他物体。

图4-79　双面异形异色绣《猫》　　　　图4-80　双面异形异色绣《狗》

（十二）刻鳞针

刻鳞针是按勾画出的轮廓线条将羽鳞按顺序绣制出来，然后在外边缘用细线绣制短扎针，显示羽鳞止面纹理，同时鳞线内部呈现铺针打出来的底部，使颜色清晰、饱满。

因为是用针刻画出层层的鳞纹，所以就叫刻鳞针。刻鳞针有扎鳞、抢鳞、叠鳞、施鳞等种类。

在刺绣羽毛鳞甲时，靠近颈部的位置一定要刺绣紧密，向下的部位由于鳞甲逐渐变大而要缓慢张开。

一般用于绣有羽鳞的对象，或蝴蝶、大鸟、鱼的头部、腹部等部位。

1. 扎鳞

扎鳞以铺针作底纹，按照鳞界用线缝合，然后再用骑边细线短扎针，扎出鳞羽状排列，铺针上即显鳞形。线条的颜色要清晰分明，接近颈部的鱼鳞图案应该细小，越往下越大，如图4-81所示。

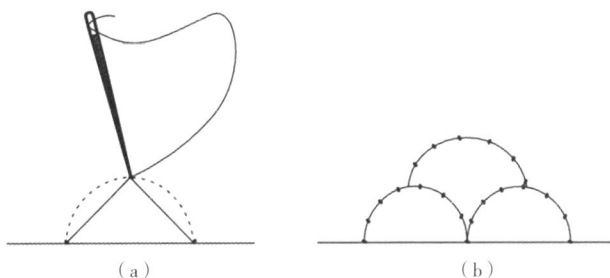

图4-81　扎鳞针

2. 抢鳞

抢鳞是根据勾出的鳞框线进行绣制，不用铺针做底纹，靠近鱼鳞框架的边缘用抢针，然后用淡色绣线绣制半幅，内侧再以深色绣制，表现出内深外浅的色彩。鳞框外侧与第二鳞衔接处的中部应预留水路，水路采用较浅色线并用施毛针绣覆盖。

3. 叠鳞

叠鳞不留水路，可用二二套针、二三套针或三三套针法绣，色彩也是外浅内深。

4. 施鳞

施鳞采用叠鳞的手法，以二二针、二三针或三三针的方法，用多色的线条来清晰地绣出暗面。之后，再用施毛针来将鳞羽和翎毛分开，使鳞羽和翎毛变得更加栩栩如生。鳞片上的纹路颜色为下浅上深，如图4-82所示。

图4-82　鲤鱼局部

（十三）打籽针

1. 针法组织

打籽针是对锁绣法工艺的改进，在内蒙古地区诺因乌拉一座汉代墓葬中首次发现。打籽针按其结的形态可分为结籽针和环籽针，具有结实、耐用的优点。

2. 刺绣步骤

由绣地下方刺入绣面后，用一手扶住线头，利用针芒于近底部线头处绕线头向内打圈，至距原针一二根纱线处下针，再紧圈，就成了一籽，如图4-83所示。其对排列方法进行了改良，沿花鸟等物生长规律及纹路顺序排列，随形势而变，以营造和色条件。同时，可以通过合线调色、套色制作、不成圈并色等手法，既可以绣出模拟景物，又可以绣出大幅屏条类的艺术欣赏品。

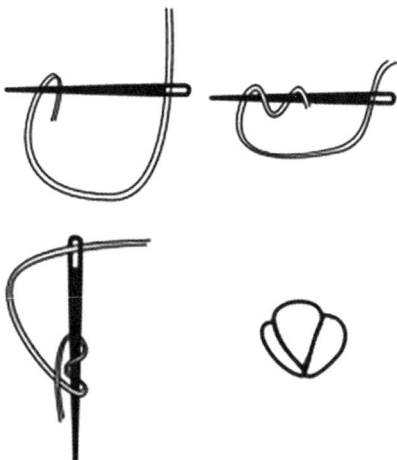

图4-83 打籽针

3. 注意事项

绣线的捻度一定要均匀，起针和下针的力度也必须一致，否则力道太重，子太大，力道太轻，子太小。要想以打籽针绣出整幅花卉、翎毛、石头、树木等，那就必须从边框开始，依次往里。打出的籽必须均匀、紧密，并且不能露出绣面。

4. 适用范围

打籽针特点是表现点状颗粒，起到点缀作用，适宜绣装饰性较强的图案，如花蕊或者圆点状图案，常用于花蕊、鸡冠、鹤顶红等部位。

（十四）平金针

平金针采用金银线作为绣线，先用金线或银线在绣地上平铺，边铺边以丝线用短针扎牢在绣地上，针距3～4mm，用平针方法依图案盘绕填满，可以盘成各种图案或形象，扎线要整齐，与金或银线呈垂直角度形成十字形对花，如图4-84所示。

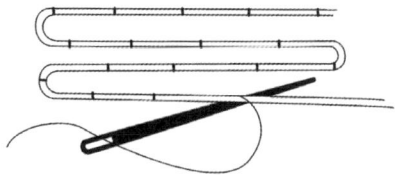

图4-84 平金针

（十五）拴针

拴针又叫"闩针"，是用来固结铺针、齐针等针法的一种针法，其纹样也可辅助表现绣品。它通常采用短直针以各种线迹的组合来形成拴结的团，有时也采用接针、辫针、锁针、锦纹针等针法。拴针可以分为直拴、平拴、斜拴。

1. 直拴

拴结直线装的铺针，拴结时，拴针垂直于铺针的绣线，拴针针数视所表现对象的外观特点决定，既可拴一针，也可紧挨着拴两针。直拴的拴针通常要辅助修饰所拴结的对象。

2. 平拴

平拴即大面积拴结铺针或齐针的绣线。平拴的拴针绣线颜色一般比铺针绣线颜色鲜明，以形成对纹样的辅助装饰作用。平拴也要垂直于所拴绣线运针，拴针的线迹较短，相邻两行的针脚间隔对花，如图4-85所示。

3. 斜拴

绣线与所拴结绣线倾斜，斜拴的针法变化较大，具体使用时需要绣者根据纹样特点确定，如图4-86所示。

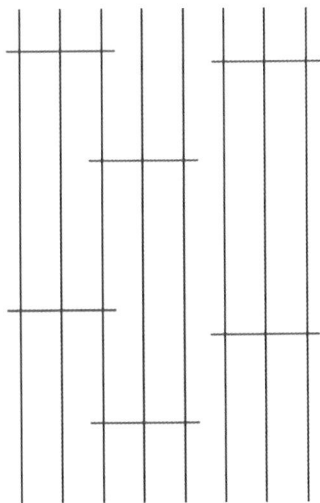

图4-85　平拴

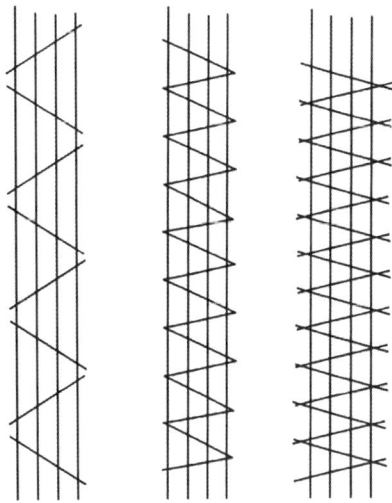

图4-86　斜拴

（十六）松针

松针是一种用来表现松树叶和草地的绣法。松针形态以扇状和球形为主，以针叶锐利繁茂为特征。采用接针、直针等多种方法结合绣制。

松针以绣松叶为主，扇形的松针也常用于绣草丛和水草，如图4-87所示。

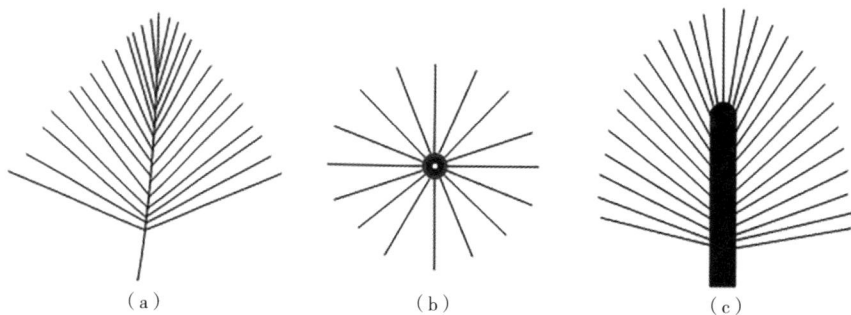

（a）　　　　　　　　　（b）　　　　　　　　　（c）

图4-87　松针

（十七）肉入针

肉入针有"叠绣""高绣""凸绣"之称，其特点是刺绣的对象局部隆起，以加强所绣形象的立体感。旧时，人们经常用这种刺绣来绣龙眼、开面、垫鼻等部位，以突出凸起，故又叫"填高绣"。

1. 刺绣步骤

在被绣处，以棉线用铺针填绣一层，使其高起。如果还想要更高，还可以用长短针和底层的丝线交织在一起。线色根据不同情况而定：如果是颜色较淡的，则用白线缝制；颜色较暗的，则用青线缝制。填高后再用所要求的绣法罩绣在上面。圆高处若有隆起的圆形，用棉或纸团；细条之处，再用线捻或纸捻；粗线网捆扎于一定部位内，再罩绣其上。花朵、叶子和树枝都是一层，若分为阴阳面，则阴一层阳两层，若阳光强烈可加二层、三层，四层以上可垫棉花作肉。肉的厚度：阳面较厚，阴面较薄，最薄者似绣底，如图4-88所示。

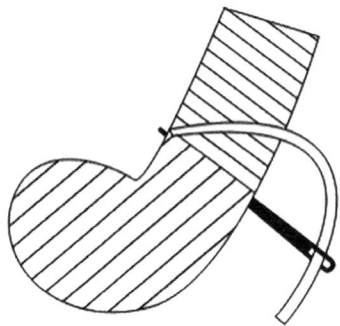

图4-88　肉入针

2. 适用范围

肉入针适宜绣花鸟、木石、人面，尤以绣梅花、菊花、月季花为好，生动立体，别具一格。

（十八）锦纹针

锦纹针是蜀绣中最具特色的古老针法，是表现织物纹样的绣法，由于其绣出的绣面看似光亮的织锦缎，故俗称锦纹绣。

1. 刺绣方法

首先以齐针或者铺针铺底，若绣面过大，可采用接针接长，再用同一颜色的绣线将网纹线从图案的一端绣到另外一端。如果网纹线仅有一组，则其朝向垂直于铺底绣线或成一角度；如果是二组网纹线互相交错，那么网纹线呈一定的角度与所述的铺底绣角交叉。然后用短扎针把交错的网纹线固定于交叉处。之后，在已经扎好了底的底纹上，按照花纹的样式，使用打籽针、齐针、接针、切针、滚针、车拧等平针，绣制造型及颜色精简的花型图案。常见有龟背纹、菱格纹、方格纹和八搭韵等。近年来图案表现应用上也有抽象的点、线、面的几何图案，如图4-89、图4-90所示。

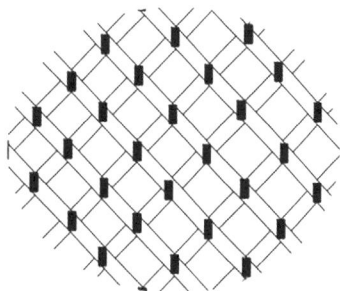

图4-89 斜纹编织锦针法

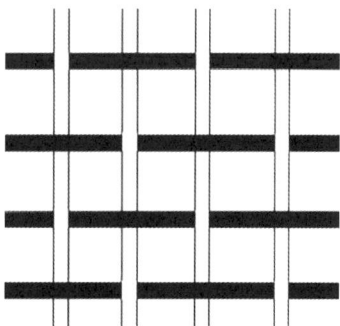

图4-90 平纹编织锦针法

2. 注意事项

锦纹针要求铺底绣线齐头并进，不露出底边，压线间距可以按绣面的尺寸适当调整，底边和花朵的颜色要有一定的反差。

3. 适用范围

锦纹针绣品精致细巧，常用于人物服饰、鞍毯、铺垫毯等织物的花纹图案。

三、湘绣的特色针法工艺

（一）平绣

1. 直针

直针是从图案设计轮廓边缘的一端爆出到另一端的轮廓。字绣、半永久、水绣常见线，针迹密切，颜色比较单一，如图4-91所示。

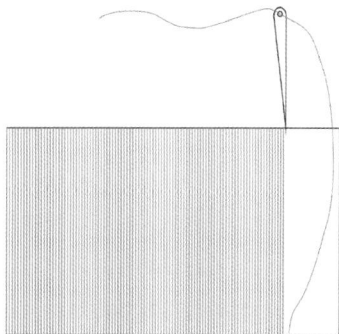

图4-91 直针

2. 铺针

铺针要用直针依据纹路尺寸从始至终铺的刺绣法，刺绣铺平在水面上，放针时纹路总面积一般比较大，针迹路线很长，主要运用于丹顶鹤、龙凰、鸳鸯戏水、鱼等动物，如图4-92所示。

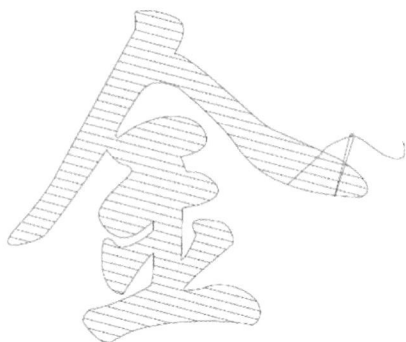

3. 帘针

帘针绣色温和，绸缎相接，刺绣面平整。这类绣法要先用喷绘等形式着色，再根据颜色的变化开展刺绣。以往主要用于云雾、水面、群山等，如今主要运用于表现中国画风格。意境画中注重创新，摆脱以平行线和直线为规律的方式，依据写实形象的转变充分发挥。可以大面积地布针或小面积地布针，图形的边沿可参差不齐。可露针，可收针，根据图案而定。

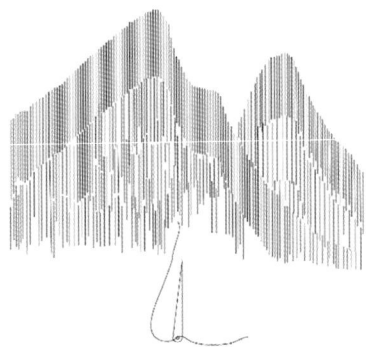

可用较细的绸缎来绣完全垂直或者与之相平行的线条。接缝处一定要短，彼此用垂直或角线连接，其疏密、断续、虚实程度，要视物体的隐现状况而定，深层针路短密，浅部和边缘很稀疏，如图4-93所示。此绣法常用于远景山水、天空云雾等。

图4-92 铺针

图4-93 帘针

4. 掺针

掺针是湘绣的基本绣法之一，由刺绣名人李仪徽首创，由扎针混合而成，该方法可以达到针迹相掺、深浅色阶混合、渐变的实际效果。它囊括了湘绣的大多数绣法。

从深到浅，用颜色最深或最浅的绣线起针，从边沿向内平行或呈放射形排序，随后顺着深层绣不同的颜色。伸缩处线不能太长亦不能过短，如图4-94所示。因而，可以获得渐次划分色阶的效果，针脚隐藏在绣线下，不会暴露在绣面，经常被用以绣制颜色明暗度转变的物象图案。

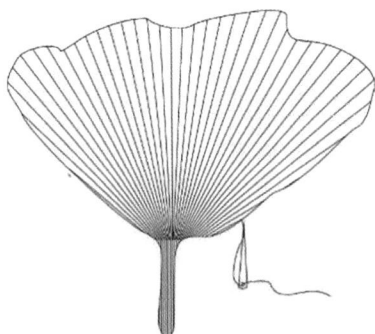

5. 齐边针

齐边针从图案的内缘起针且针脚整齐，与图案边缘线迹不能有出入。如图4-95所示，齐整针密，刺绣整平，适用于叶子、花瓣等外轮廓整齐

图4-94 掺针

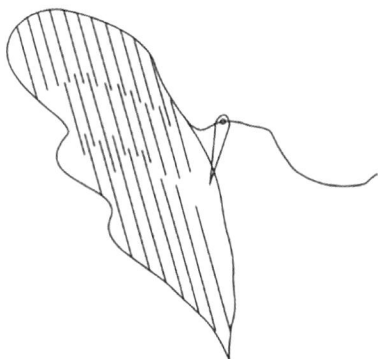

图4-95 齐边针

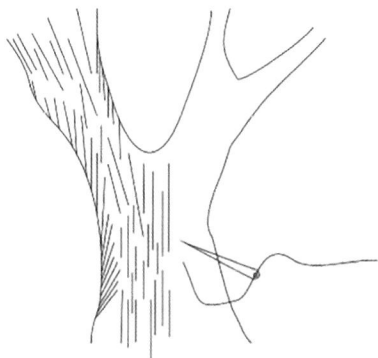

图4-96 分筋针

图4-97 平游针

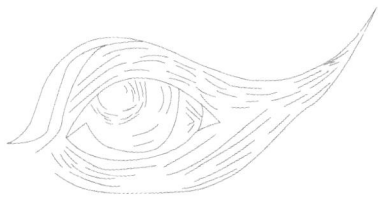

图4-98 旋游针

的一切物象边沿。

6. 分筋针

分筋针如图4-96所示，依据花纹图案完成主体，开始用比花瓣深颜色的线更深一层的颜色的刺绣线扎针。往花瓣最深处撒针会稍微变宽。依据花瓣的水平渐变色，花瓣筋纹先后连接到花瓣根部，且线迹渐细。刺绣的鸟和物象由颜色的变化确定。

7. 平游针

平游针如图4-97所示，依据原图图案的形状和趋势，最先引出来人物剪影的航向。一定要注意，转折点的航向很短。为了让针脚混合在一起，顺着人物剪影刺绣物体的光和色彩的关系。不但用以绣粗壮树干和掌形的叶子，也用于绣制衣服裤子的图案和复杂的花等。衣皱阴阳变，叶片转折，花瓣层开，层级清楚，层次感强。

8. 花游针

首先，用深色的线依据图案设计底部的边缘走势刺绣底端。这时候，针路较为稀疏。随后，应用比较细的浅色系或其他颜色的线，用掺针绣法逐渐加密底层针路走势。针脚无须齐整，可以互相压住。"游"的过程中，针路转折角度不可太大，此类针法常用来绣老虎等动物。

9. 旋游针

旋游针是刺绣动物眼睛的独特针刺法，如图4 98所示。旋游针能够大胆地用颜色主要表现动物的眼睛，全透明水晶体的质感、双眼的高光、修容等能根据刺绣的线条颜色来表现。用这种方法刺绣的眼睛颜色比较丰富，改变十分细微，重现得栩栩如生获得了奇妙的表达效果。

这类针法被用于绣动物的眼睛时，通常以眼瞳为中心用滚针的方法遮盖。第二根针从第一针绣线的中间起针，并从第一根绣线正中间越过，绣线细，针脚短，针脚、针眼也需要相互遮挡住。

10. 离缝针

离缝针运用绣线上色的特点，紧紧围花心绣，如图4-99所示，在挨近花心的地方和花的外围转换颜色，起到修饰作用，在各部分的交界处留有空隙，主要表现物象的层次色调。

11. 松针

松针如图4-100所示，开始针由外逐渐向内，一般分为三层，针间隔比较大，一层以短针为主导，铺平成圆。下一层从前一层的1/2处逐渐施针，针落到同一部位，各层的每根线都这样先后刺绣。接缝处密度高，腹部在各层空隙中间尽可能匀称进行。

12. 钉针

钉针一般用于刺绣表面固定不动的金银丝，金银丝能够勾勒物象轮廓。常用于刺绣鸟爪、富贵花的边缘等，如图4-101所示。

13. 柳针

柳针如图4-102所示，刺绣的时候，从任意一端起针。接缝处稍斜向。第二针能从第一针的中间穿针，且针藏在第一针下。第三针在第一针的尾端，第四针与第二针的尾端相接。针孔不漏针眼，针脚排序齐整。

14. 珠针

珠针刺绣时，从绣布的反面扎针，在较短距离内掉针。然后在第一针开始向前逐渐扎针，使针的间距匀称，返回第一针，落针，随后按序对总体目标轮廓进行刺绣，如图4-103所示。

图4-99　离缝针

图4-100　松针

图4-101　钉针

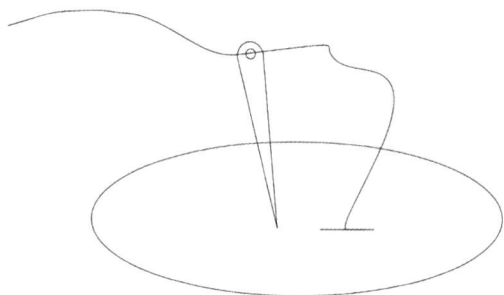

图4-102　柳针

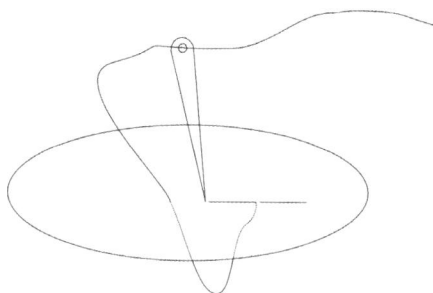

图4-103　珠针

15. 打眼针

首先用柳针绣一个小圆，再换织毛衣的针刺在小圆里，用小孔、直针围住小孔的边缘绣好。将柳针所绣的小圆圈缠绕成一个正规的圆孔，如图4-104所示。打眼针主要运用于绣花朵的花心。

16. 盖针

盖针是表现某些物象上的斑纹的针法，最先用掺针或其他针法绣好基本颜色，然后根据斑纹的颜色和位置加绣一层，如图4-105所示。盖针常用于绣有斑纹的动物。

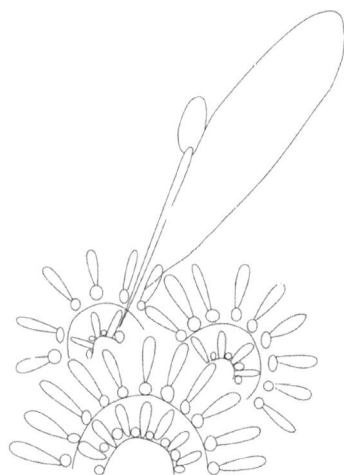

图4-104　打眼针

17. 滚针

滚针常用于绣制叶柄、虎与豹等兽的胡子及箭。用不同的刺绣方式刺绣背面的叶片和猛兽，先铺好底层，无须留有绣叶柄、虎和豹点的地方。从叶茎、虎、豹的胡子根处送针，渐渐绣到尖端。第二针必须在第一针和第二针中间的中间处，根据第一针遮盖针眼，与物象自身产生一条逼真的中长线，突显于叶肉和老虎上，针法如图4-106所示。

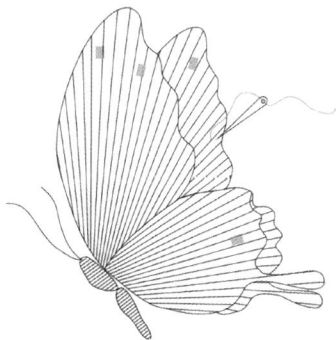

图4 105　盖针

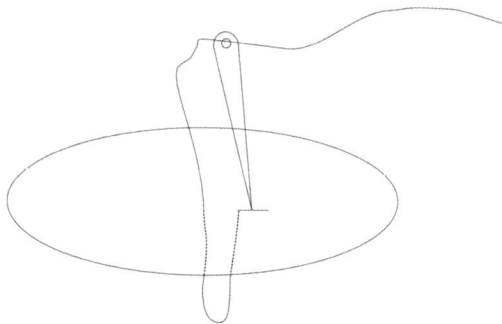

图4-106　滚针

18. 秘针

秘针用于绣正面的叶脉，并用其他绣法绣叶肉。留有绣叶柄的地方，从叶茎里取下，逐渐注射，针迹要短，绣线要整平，一定要连接。刺绣线连接的区域不可以外伸曲别针。绣完后，叶柄隐藏在叶脉中。

19. 钳鳞针

钳鳞针用铺针绣好物象的底层，依据鱼鳞的形状，用钉针或柳针绘制鱼鳞的线条和轮廓，用颜色比下一层暗或浅的绣线沿着钉针或柳针绣一层齐边，如图4-107所示。钳鳞针适用于绣制鱼、鸟、龙等身上的鳞纹。

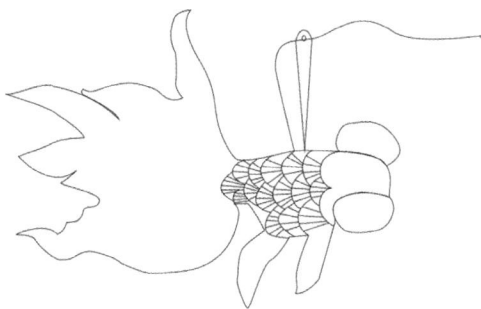

图4-107　钳鳞针

20. 毛针

毛针是刺绣鸟的关键针法之一，由混合针演化而成，具备参差不齐、相对高度灵活的转变特点。毛针刺绣方式：从头开始收针，按照毛势走向向尾部刺绣，针路方向需根据毛势确定，每根针都藏在前面的线路下，如图4-108所示。毛针所绣绣品呈不齐不乱、栩栩如生的毛绒状态，毛感独特。

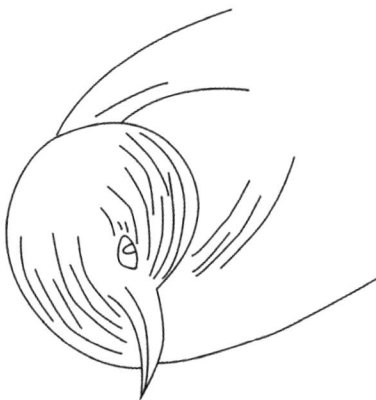

图4-108　毛针

21. 齐毛针

先用毛针法绣动物的主体，再在颜色交界处以齐边针为主导。用较细的丝线刺绣时，既不完整又不错乱，针脚长短不一，覆盖着不同的颜色。会看到一个毛层覆盖着另一个毛层。在刺绣鸟类的两种毛色连接处，以齐边针为基础，用较细的线钉上突出的针。

22. 抢毛针

抢毛针是湘绣从材料上转型发展起来的针法。抢毛针是将两种不同颜色的线略缠绕在一起进行刺绣的一种针法。绣猫虎时，为了表现毛硬和颜色的明暗度转变，应当用较粗的绣线进行刺绣。

23. 髻毛针

髻毛针如图4-109所示，运针时一端撑开，线框粗，排列较为稀疏。另一端线长细密排列，针径呈放射形伸开。用各种颜色的绣花线垫在下面，再绣一层。存背景色，在其间位置留出一点上一层的底色，再先后插针加绣，交叉的部位有凸起的效果，层次丰富，颜色浓淡自然变化。绣虎时70%以上的黄毛部位使用此类针法。下颚、胸腹等其他部位的刺绣针法，应与鬐毛针法相协调，妥当区别，反映层次感。

24. 混合针

最先选用混合针方式将背景色绣浅，按段数加密，然后根据物象层次感、颜色开展刺绣，分层次，从微小到密切，将各种颜色的绣花线开展十分细腻地分割，产生混合隔层。这类针法多用于刺绣蓝孔雀、鸭子、幼鸽等鸟的羽毛。

图4-109　鬐毛针

25. 疏散针

疏散针是一种给早已绣好的禽鸟加绣一层松毛的针法。是用最细的绣线，依据毛的特性稀少零散地刺绣。针法灵活，突起光洁，接缝处不可遮挡。

26. 牵针

牵针用以刺绣头发、胡子、狮子头的毛等。依据须发的纹路，用滚针绣法牵引，不时地转动针路，可达到须发的效果，绣针间距短一些。相互之间遮盖针眼，颜色依据层次感规律性转变。

27. 螺纹针

刺绣时择选绣案适宜的地方，先钉一针为圆心，用柳针针法向四周刺绣呈螺纹形状的纹路。刺绣的线色应先浓后淡，可主要表现物象阴阳两面，如图4-110所示。

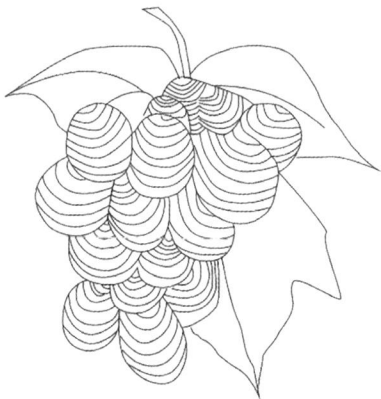

28. 钳针

如图4-111所示，首先用粗线条顺着树干直着牵引绣好底层，随后用比直线稍细、颜色略深的横线钉钳住直线。直线依照树干的长度一针牵到头，要聚集、整平，不外露刺绣图案底层。水平线一次夹持两根以上的直线，左右两根针应保持适度的距离，上下两根针应互相配合，在同一条

图4-110　螺纹针

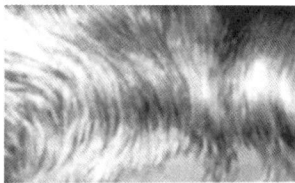

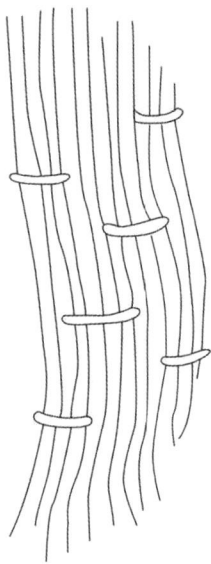

图4-111 钳针

直线上交互相勾，并错开，呈现梅花的形状，靠边的一行针角需稍稍歪斜，刺绣图案完成后，可用于表现树干表层粗糙的直线状裂痕和扎在杉树树干里的污垢。图案的色调虽不相混合，但也可以表现出树的层次感。

29. 平行针

平行针用于表现山水国画中房屋的平瓦屋面，能真实有效地表现出分布规则且平整的瓦块。如图4-112所示，平行面用粗线，按平瓦屋面局势斜铺地面，一针顶在头上，线要平行面、密切、整平，防止外露刺绣图案。用比斜杠稍细、稍暗的四色线框沿斜杠水平拖出。每两根水平线维持适度的距离，相互平行。每过适度的距离，在水平线上沿对角方位打针。两根针的间距比两根水平线短，因而请固定不动水平线，便于表明方形的整平地砖。线距、水平线和针角距离的尺寸随图案的尺寸而进行调整。

（二）扭绣

1. 链锁针

链锁针如图4-113所示，在1处出针，绕一圈后又从1处落针，再从2处出针，针从前面所绕的线圈穿过，抽针引线绣成一环，重复以上刺绣方法，环与环之间相互嵌套，形成连锁状圆形，互相齿合变成传动链条的形状。这类针法适合绣物象的轮廓线和其他花纹。

2. 雀眼针

雀眼针绣法如图4-114所示，线从1处出针，绕一个圆，在2处落针，再从3处出针，4处落针，5处出针，抽针引线，跨过所绕圆圈，从5处落针，将其钉住，可以用以刺绣像雀眼一样的蕾丝边和花。

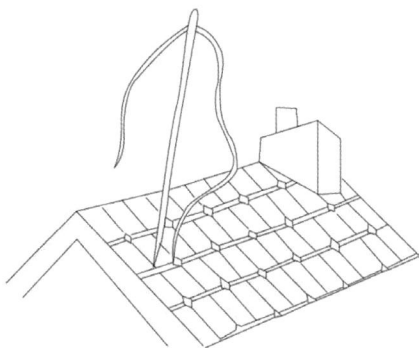

图4-112 平行针

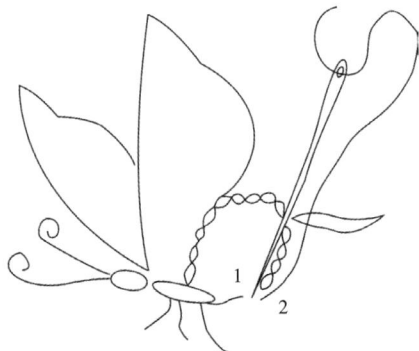

图4-113 链锁针

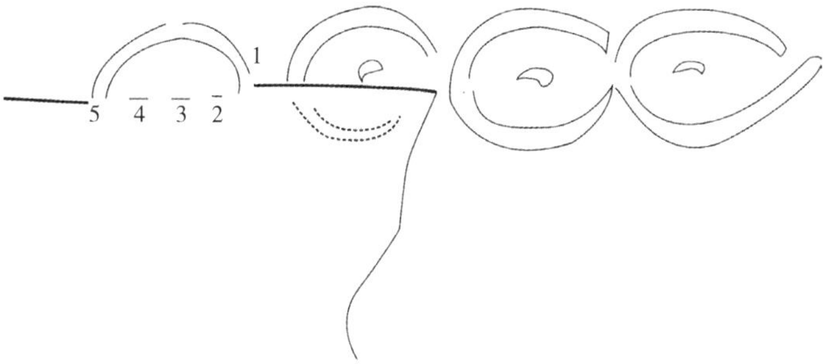

图4-114 雀眼针

3. 环形针

环形针如图4-115所示，从1处出针，绕一圈后从1处落针，再从2处出针，越过所绕的圈，抽针引线绣成一环。再从2处落针，固定不动这一圈，依规刺绣。适用于用较粗的绣线刺绣用于装饰的小花或花朵。

4. 套圈针

套圈针如图4-116所示，最先用铅笔在面料上轻轻地定一些点。索套要用多个圆构成图案的刺绣，第一次固定不动后，依法进行第二次、第三次刺绣，然后将每一个小圆相互之间遮盖，不可把刺绣线拉得太紧。

5. 梯形连针

梯形连针如图4-117所示，从1处出针，绕一圈，从2处落针，从圈内3处出针，又绕一圈。从前一圈内的4处落针，持续形成梯状。不但可以用于刺绣图案的边缘，还可以用于刺绣玉米粒和葡萄等。

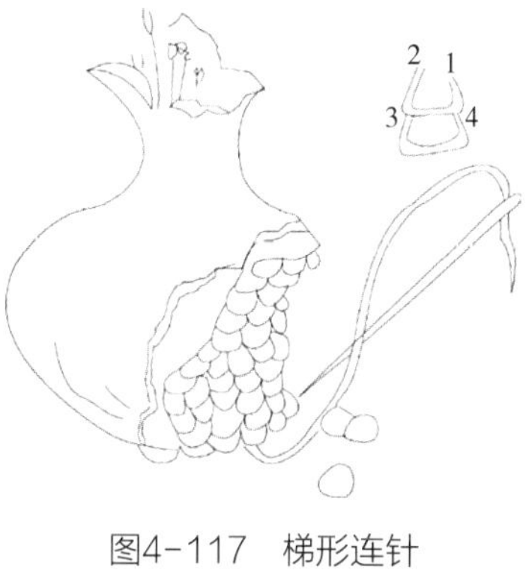

（三）结绣

1. 圈子针

圈子针如图4-118所示，从刺绣的反面发针，在刺绣的正面吊线，从针头的起点往右边旋转一周。圆形的大小由图案的需要确定，必须从被围绕的圆形下

图4-115 环形针

图4-116 套圈针

图4-117 梯形连针

越过，最终一针出针于针眼里，抽针引线即成，常用于表现绵羊的卷毛。

2. 打籽针

打籽针如图4-119所示。刺绣时由绣料的反面向正面出针，用手拿住绣线的尾端，在针头上盘绕2~3圈，再于发针处落针，将线收紧，在绣料的反面抽针。打籽针主要用于绣青山绿水图案的落叶、青苔、石蕊等。

3. 滚筒针

滚筒针的绣法和打籽针类似，但这种绣法所绣图案的形状较长，用绣线绕针时需多绕几圈。此外，落针离发针距离较远，如图4-120所示。滚筒针多用于绣小花和其他花纹。

4. 三套结针

三套结针如图4-121所示。在刺绣材料的反面逐渐缝线，引绣线于刺料上，缠绕成8字型。用针和线从"8"字两个圈节点处的下方引入，并在三个环套中间穿针，使针落到发针的位置并将绣线收紧。三套结针适用于图案的部分点缀。

5. 连环结针

连环结针如图4-122所示。绣线从1处出针，于2处落针，于3处出针然后以针引线，如图4-122所示的形状和方法环绕两次，依规刺绣，并将环连接起来。连环结针也被用于刺绣图案的蕾丝边和线条。

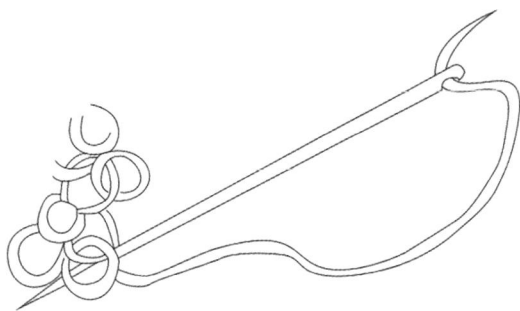

图4-118 圈子针

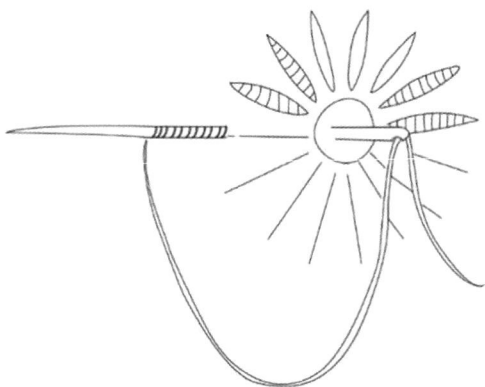

图4-119 打籽针

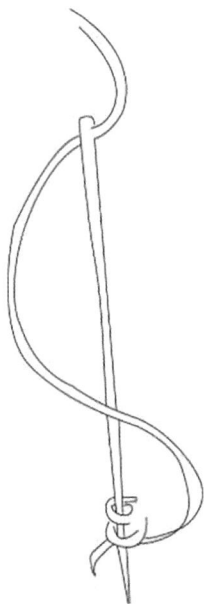

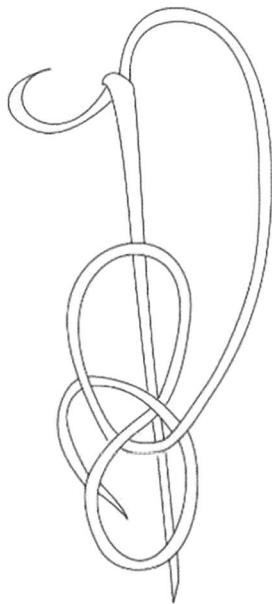

图4-120 滚筒针   图4-121 三套结针

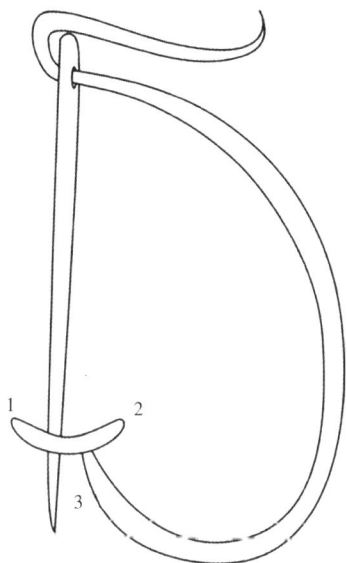

图4-122　连环结针

（四）网绣

1. 十字针

十字针是网绣中不可或缺的协助绣法，除了可以固定不动和丰富绣花线在网格刺绣中的作用外，同时可以使网绣的色调与花纹更加丰富。十字针技巧简易，针脚短，不分颜色，如图4-123所示。

2. 三角网针

三角网针如图4-124所示。先在物象上用织绣法织成若干个面积相等的小三角形。三角形的方格必须按每一个三角形的面积制作。且在每个三角形的方格内，在1处出针，2处落针，再在3处出针，4处落针，以此绣完每个三角形方格，从而构成了有若干三角形的网状结构。

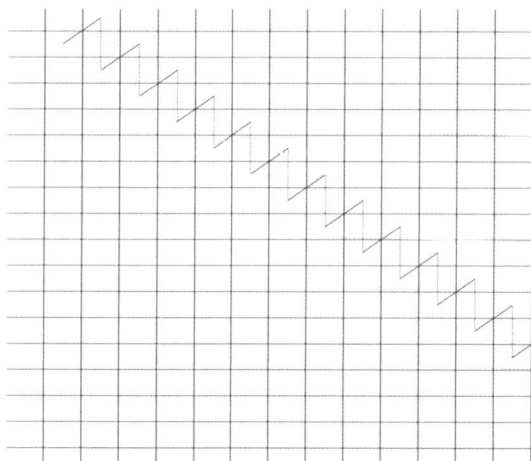

图4-123　十字针

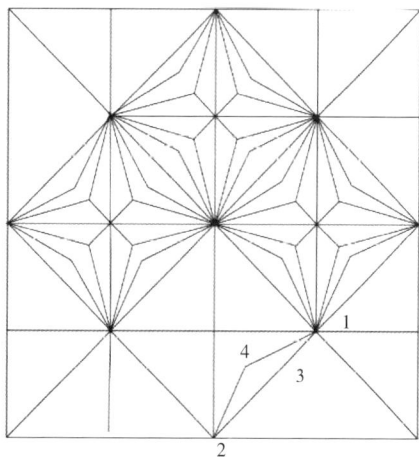

图4-124　三角网针

3. 四方网针

四方网针绣法大致与三角网针一致，如图4-125所示。四方网针仅以方形的图案为基础，构成许多连续的三角形。此外，正方形网格图的每个格子的四个角能够加绣不同色素的十字针，提升装饰的观感，适用范畴与三角网针相同。

4. 六角网针

六角网针如图4-126所示，最先依照蜂窝状编织方法用持续六角网织三组直线，并

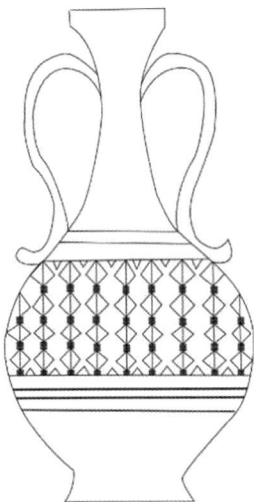

图4-125　四方网针

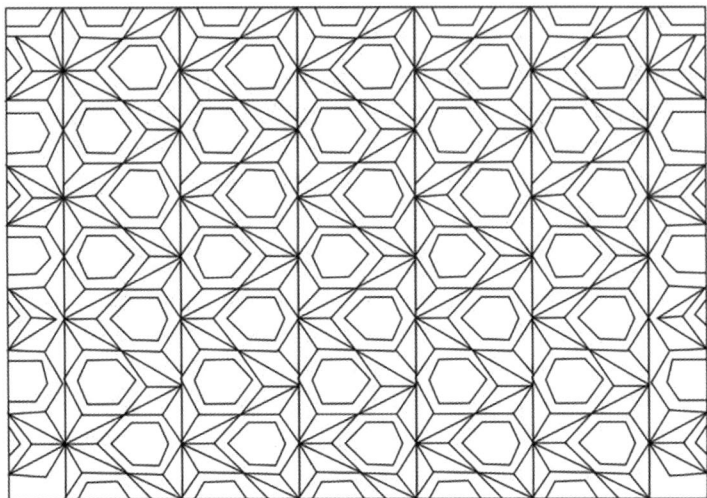

图4-126　六角网针

根据蜂窝状晶体缺陷法,将第一个蜂窝状网格图置于连续的三角形网格中,然后根据图例规律性,在各小三角形网格内捆缚就可以。该物象必须通过好几条颜色不同的线性拟合,且适用范围和三角网针是一样的。

5. 桂花针

桂花针如图4-127所示,由图案用线框拘束成正方形的方格,坐落于各自的相交点。若用十字针的绣法,可以自由更改绣线颜色。桂花针主要用于向日葵、黄菊花、云朵、服装和别的装饰设计。

图4-127　桂花针

6. 梅花网针

梅花网针是先用平织法织成若干个正方形的方格,从每一个正方形或四个小正方形组成的大正方形的角度,如图4-128所示,用另一

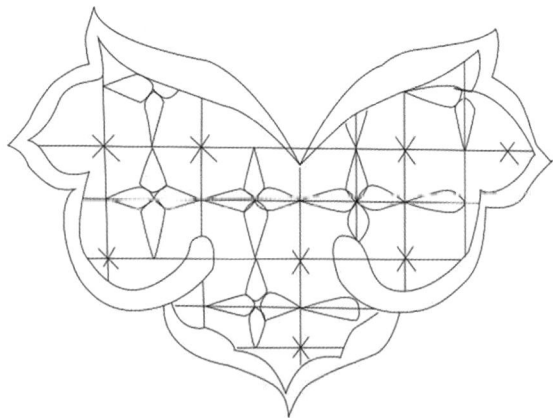

图4-128　梅花网针

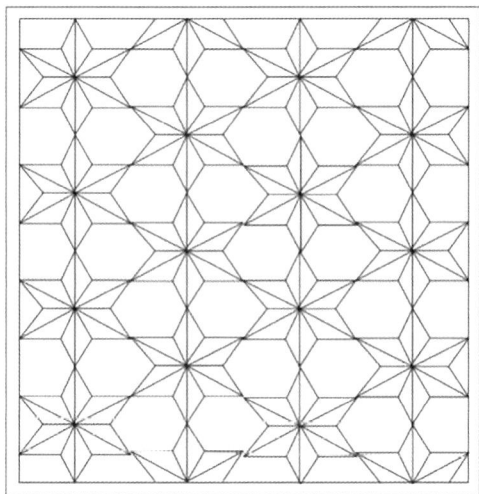

图4-129　雪花网针

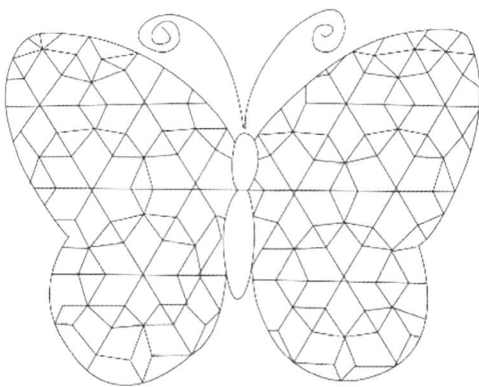

图4-130　连环网针

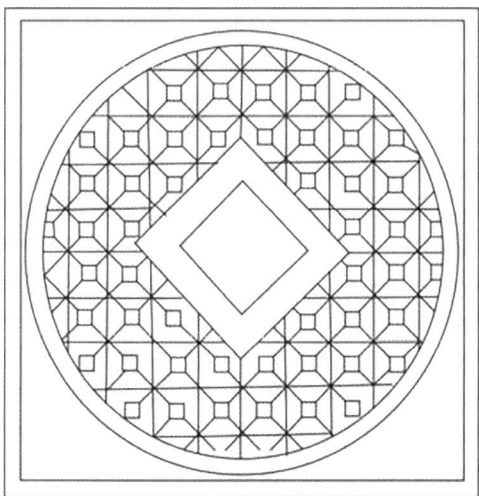

图4-131　古钱网针

种颜色的线织成斜正方形，并用十字针固定不动这一斜向正方形，十字针的颜色应当有所区别。

7.雪花网针

首先用蜂房织法织成网状，用三组直线按蜂房织法织成连锁的三角网状，使样子变为六角形，六角形的周边产生六个等边的六角形，像两种不同形状的雪花状结晶，如图4-129所示。运用雪花网针时，若颜色合适，图案更为漂亮。

8.连环网针

连环网针如图4-130所示。首先用蜂房织法将三根线丝织出六角网，再换另一根颜色不同的绣纱在三角形网上结成三个菱形，用针将不一样颜色的线丝在六角形的每个上面织一针，后在六角形中间用最艳丽的线丝绣上十字针，即形成连环网状图案。

9.古钱网针

古钱网针如图4-131所示。最先用平纹布编制好多个正方形的方格，在每个方格的四角用其他颜色的线刺绣十字针，不必连接各十字针。随后，用另一种颜色的线把中间连接成小一点的正方形方格。

（五）织绣

1.平织

平织织法与织布相同，但经线两边间距不相等，纬线更加紧密，才能得到合适的花瓣形状，如图4-132所示。经线、纬线均可呈紧密排列，但是纹路呈斜向为宜。这类绣法可以自由更改，能够编织成各种各样花纹图案和形象的小动物。因而，这类绣法的表达效果在于刺绣者可充分运用自身的智慧创造才能。

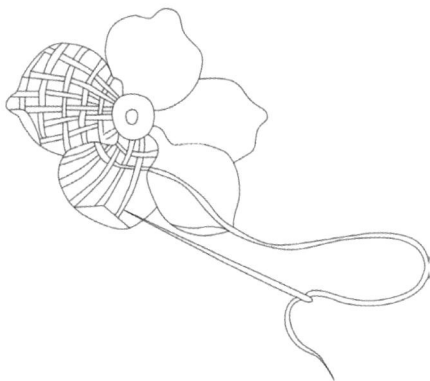

图4-132　平织

2. 交织

交织法所织成的绣品与三比针所织成的绣品形状相似，但针法上却与平织法相似，如图4-133所示。三根经线为一组，纬线每隔三根交织三次，再将浮在纬线上的三根经线压下去，并将压在纬线下的三根经线挑上来。再用纬线交织三次，按照此种织法循环。交织的规律可以自由变化，经纬纱线根数也是可以随意调整和更换的，但一切图案都必须保持既定的交织规律性，才可以编织成漂亮的花纹。

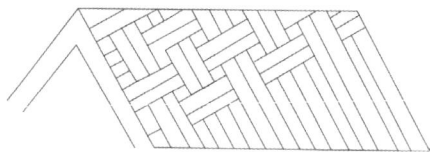

图4-133　交织

3. 对织

对织可以直接将两道或数条主线固定在刺面上，随后来回对织，或相互交换主线对织，如图4-134所示。这类编织方法主要运用于绣线条和装饰性的小花。

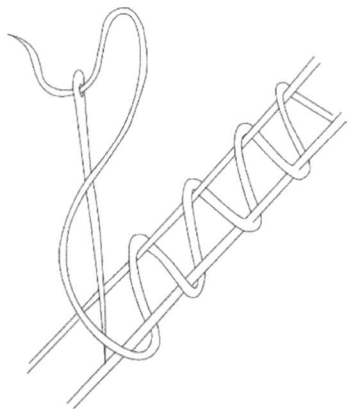

图4-134　对织

4. 草鞋织

草鞋织如图4-135所示。依据图案上花瓣尺寸，在花瓣尖端钉5~7根主线，用纬线如同编织草鞋一般，织成椭圆形花瓣，将末端钉牢，形成花朵状纹案。

5. 梳子织

梳子织即使用木梳套住绣线作经线，如图4-136所示。经线数量取决于花瓣的总宽。用纬线平织织成花瓣的大小后，除掉木梳，绷

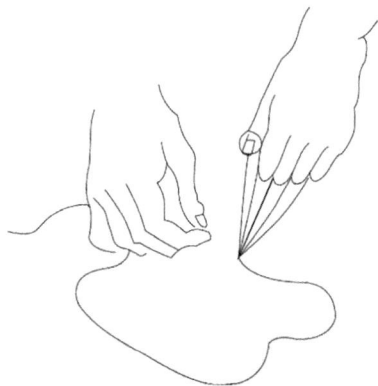

图4-135　草鞋织

紧线，形成凹痕的花瓣，制成在刺绣表面凸起的花朵。也可以在花瓣下铺着棉絮，分层次钉在绣面上，看上去和花的实体一样。用这种针法绣的花适合装饰在手拎包等日用具上。

6. 蜂房织

蜂房织是一种六角形的交叉织法，如图4-137所示。在物象上牵成两组同样距离的直线，以等边菱形交叉。随后，以同一距离的另外一组平行线织出，使这三组直线互相交织在一起，最终形成等边六角形蜂房眼。线的颜色与背景色需不同，编织的范围和六角蜂房眼都不宜过大，若太大则非常容易变形。但为了弥补这一缺陷，也可以用钉针固定不动。此类绣法适用于绣篮筐、斗笠、人物服装、花瓣、落叶、花心等。

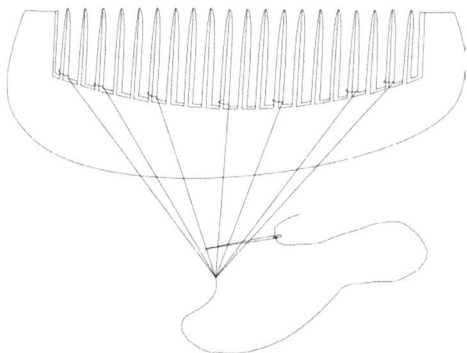

图4-136　梳子织

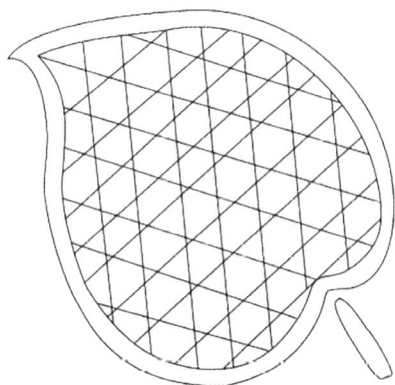

图4-137　蜂房织

7. 回纹织

回纹织没有经纬差别，仅仅一根线循环系统盘绕在一起，如图4-138所示。要根据一定的规律，反面成珠状。这种绣法正面和反面都使用，尤其是反面比较适合使用。如果用稍透的绸缎材料刺绣时，正面针路相衬，具有装饰艺术效果。此种绣法主要用于小花瓣、小叶片或衣服的丝带等刺绣。

8. 隐格针

隐格针的绣法是先按照图案的轮廓，用铺针铺满作经线，纬线按标准每间隔一、三、五丝平织一次，使经纱下的纬纱展现出来，产生隐约可见的正方形或其他形状的方格，如图4-139所示。这种绣法多用于绣演出服、透明薄纱、花瓣等。

图4-138　回纹织　　图4-139　隐格针

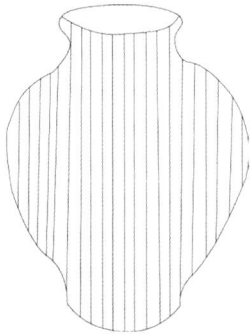

9. 隐筋针

隐筋针常用于绣图案中的叶子，如图4-140所示。最先用针依照叶子的形状用铺针作经纱，再用纬线每隔5~6根经线平织一次，使纬线有规律地外露在经线下边，呈隐约可见的斜纹，做出叶脉根茎的效果。

10. 人字针

人字针如图4-141所示。刺绣工人最开始开创时，用它绣细细长长小枝、翎毛和面积小的图案。这类缝纫方式在形式上类似编织，却不是编织。人字针刺绣方式依据流入明确线框部位，从里到外，两边线条图案歪斜排序，产生"人"字形模样。每根针组成一条线，落下的针在图案的边沿。针脚密实，针迹匀称，不漏底，不重合。线条的色调可以是纯色的，也可以是渐变色的，一般要形成又深又薄、光洁平整的界面。这类绣法多用于刺绣图案的叶子、鸟的翅膀等。

11. 穗子针

穗子针如图4-142所示，用较粗的线条依照人字针的规律加以变化绣成。此类绣法适用绣稻穗、谷穗、芦苇叶或作其他图案的嵌边。

12. 三比针

三比针如图4-143所示。这类绣法要先绣好横线，每根线来回穿过绣料组成虚线，不连续的距离要同样，平等的间距也需要同样。然后按照这个规律绣好所有的平行线，制作竹筐、树干、护栏等。三比针与交织针不同的是，它的绣线刺绣时不浮在绣面上。

（六）其他绣法

1. 十字绣

十字绣别名挑花，是一种要用十字针组成图案的刺绣法。这类绣法在湖南民俗间有着非常广泛的人民群众

图4-140 隐筋针

图4-141 人字针

图4-142 穗子针

图4-143 三比针

基础，以颜色朴实、图案设计精致而闻名。现阶段，刺绣在所有日常用具里都采用这种绣法。

2. 立体绣

立体绣别名垫绣，是刺绣完成后使有层次感的刺绣。刺绣时，先依据物件的形状，用较粗的绣线绣一层，或铺平垫棉，再用直针绣密，包裹粗线或棉，使图像反射在绣面上。这种绣法一般和其他绣法相互配合才能达到实际效果。

3. 打子绣

打子绣完全是用打子针绣成整幅画面或图案的绣法。刺绣时，用缝制方法制成的颗粒物应匀称整齐。为表现物象颜色明暗度变化，一般是依据颗粒物拼凑颜色的不同，选用平绣和颜色混合的方法慢慢变色。针路沿着物象走势一直向前，若横走则会破坏物象结构。这种绣法能够绣日用具，也可以做装饰设计品。

4. 交叉绣

交叉绣又称为乱绣。绣时应先用粗线绣一层，针路互相交叉，针脚可长可短，无须遮盖，可依据层和颜色分层次刺绣。混合的方法与平绣掺色法不同，但与混针法基本上类似。刺绣景色、花卉、人物的衣服等时，应用较粗的绣线，绣人物的面部时应用细丝。刺绣完成后，近距离看绣品表面不顺滑，远距离则栩栩如生，可以达到较好的表达效果。

5. 缂丝绣

缂丝绣一般用于绣制面料组织结构较不紧密、能够看见绣眼的绣料，绣线的粗细程度取决于绣料绣眼的大小程度。从用于勾勒物象轮廓的面料上，用所选择的绣线根据物象轮廓范围内的各孔，绕在经纬纱线的相交之处，或是同时盘绕两根经纱与纬纱，产生较为密集的小点，以构成的图像和图案设计。假如线尾掩藏得很好，针路整齐，则两边的图案花纹完全相同。缂丝绣在主要表现物象的颜色变化时，用相似的两色或三色线粗细结合地绣，可以达到颜色混合的实际效果。缂丝绣适合绣景色博古、花鸟鱼虫等，或绣手拎包、靠背、餐桌布等日用品。

四、粤绣的特色针法工艺

（一）金银线绣

金银线绣又叫"钉金"或"盘金"，与其他针法的不同之处在于，它以金银线为主要绣线，制作时先用金银线铺或叠在绣面上，再用不同颜色的绒线将金银线钉牢，绒线的选择取决于物象所要表现的色泽、明暗等特点。粤绣中金银线绣的历史悠久，虽没有文献记载其发源年代，但在1956年考古发掘的明代正德年间南海县人戴缙夫妇墓葬中出土了三件金银线绣衣裙，其花纹针法都具有很高的艺术水平，这印证了金银线绣在明代就已经很成熟了。由于长期以来广州地区重商和重视物质追求的文化氛围，广州地区的人们尤为青睐金碧辉煌的钉金绣，由此使得粤绣钉金工艺技法之高超、针法种类之丰富。

（二）广绣金银线绣针法

粤绣分为广绣和潮绣，在技法上，二者对金银线绣的技法没有很大区别，但是在针法分类上，广绣将金银线绣的常用针法分为平绣、织锦、编绣、绕绣、凸绣、贴花绣等6类12种。

1. 平绣

平绣分为平针和撕针两种。平针的绣法是金银线绣最基本的针法，其针法较为简单，应用广泛。其绣法是先用金银线在所绣纹样内回旋铺匀，然后用绒线以等距顺次钉牢，钉针时行与行之间要错落分布，第一行与第三行对齐，第二行与第四行对齐，照此规律金银线会更加紧密，线迹之间没有空隙，绒线的色泽也会更加柔和，不影响整体的艺术表现。不同色泽的绒线不仅可以展现物象的颜色变化，还可以表现明暗关系。如图4-144所示，金银线绣中撕针的绣法与绒绣撕针的绣法基本相同，但它以并列的金银线来表现一根线条，不如绒线表现的轻盈，略显僵硬，但它赋予了所刻画的羽毛特殊的金属光泽。

图4-144　清代花鸟纹五屏屏风（广州十三行博物馆藏）

2. 织锦

金银线绣织锦类的针法主要是先将金银线在绣面上平铺钉牢，然后用绒线在金银线铺成的底上进行图案性的交织，构成纹样。织锦类金银线绣分为织锦、锦上织花、锦上添花三种。锦上织花的刺绣方法是边钉织锦的小方格边按照纹样织出花纹，绣制时注意织花要与纹样吻合。锦上添花则是在绣制底层的织锦时就提前预留好要添花的位置，将添花纹样留白，完成底层绣制后，添花部分的针法参照绒绣针法按需使用即可。

3. 编绣

金银线绣的编绣类针法只有方格网针、三角网针和竹织针三种。方格网针就是俗称的二莲花，三角网针就是俗称的三莲花，二者的绣法与绒绣中这两种针法基本相同，只是横直线条都由金银线代替，在交叉点处钉绒线进行固定和调色即可。竹叠针是金银线绣绣制花篮时所必用的针法。其针法与绒绣中的竹织针有所不同。绣制时，第一步是按照花篮脚竹织纹理的距离用较粗的棉线钉若干条直线，然后用金银线一列列的横向钉绣于棉线之上，有棉线处形成凸起，没棉线处凹陷，再用黄色或绿色的绒线钉绣在凹陷处，即可将竹织的特点表现出来。

4. 绕绣

金银线绣的绕绣着重于把绕成环的东西相叠。其中扣圈的绣法与绒绣中的扣圈技法基本相同，金银线绣的扣圈针法常常是在已经制成凸起的基础上刺绣，且多从物象的末端起绣，绕圈时按照逆时针方向，同时用绒线在圈子的上半端钉扣相连。另一种针法为叠鳞，是将并列的金银线绕成椭圆状的"鳞片"，再将鳞片叠起来的针法，其中一个鳞片共有五道并列的金银线，要用绒线钉十针。

5. 凸绣

金银线绣的凸绣法只有一种，就是用薄绸将棉花在绣面封好后再施绣的方法。但在刺绣时不可将薄绸全部封紧，而是要留一孔填充棉花，使物象凸起饱满，再将小孔封好，封口后用并列的金银线绕凸起的物象边缘钉紧，使得其更加牢固，然后就可以绣制绣面。绣制绣面时有两种做法，一种是由边至中心紧贴着回旋施绣，另一种是由边至中心，线与线之间隔一线再倒绣填满的做法。例如图4-145所示，广东省博物馆的馆藏蟒袍戏服上共绣制了五只飞龙，

图4-145　广绣蟒袍戏服（广东省博物馆藏）

大部分都是以金银线凸绣制成，云纹则以钉金绣表现。

6. 贴花绣

金银线绣中的贴花绣是现代创造的变体绣针法，它以有色的乔其绒钉贴在绣面之上，再用金银线刺绣将物象显现出来。

（三）潮绣钉金针法

潮绣将金银线绣分为平金和垫金两大种类。平金类又分为直线、旋针、花边、编织等四种类型；垫金又分为直线、盘针两种类型。潮绣钉金的绣制方法与广绣金银线绣一致，都是将金银线平铺在绣面上，再用彩色丝线钉绣。不同之处只在金银线盘绕弯曲出的形状和位置不同、颜色的钉绣丝线所表现出的视觉效果不一样而已。二针龙鳞也称二针企鳞针，被誉为是潮绣中难度最大的独门绝技。如图4-146所示，绣制时先在绣面用绒线走一条辅助基准线，从基准线左边起针，用两股金线并列由内向外逆时针盘成圆形的鳞形圆盘，然后在左右两边水平的钉绣固定，依次用后一个圆盘压前一个圆盘的二分之一。由此方法绣制的鳞片，每片都可揭开，且其富有光泽，形象逼真，栩栩如生。

（四）潮绣垫绒绣

粤绣的两大分支广绣和潮绣，都有填充棉花或纸丁使得所刺绣的物象变得生动立体的做法。垫绒是潮绣表现垫高立体的技法，如图4-147所示，与广绣中的凸绣绣制方法有相同之处，其填充材料为棉絮或纸丁，一种是先铺垫再绣制，另一种是边垫边绣，其标准和要求都是参照具体物象的形象特点，以做到立体逼真的效果。

受潮州木雕的影响，潮绣为了能更好地表现立体浮雕的效果，在长期发展中，形成了"绣垫贴拼缀"五种技法。"绣"就是在铺垫好的基础上用适当的针法进行绣

图4-146　二针龙鳞针法

图4-147　潮绣垫高绣

制；"垫"是将物象的局部造型迁移至另一块锦缎上垫棉絮或纸丁；"贴"是将另一块锦缎上的局部造型剪下来，贴到整体中；"拼"是将各个局部部件拼接在整体上，使整体形象完整；"缀"就是将各个零件缀到整体中，并掩盖其拼接的痕迹。此类技法就是将物象的局部造型在另一绣面上通过垫绣的技法绣制完成后，再剪下配件，拼接于物象整体所在的绣面之上。

垫绒是各种针法与填充相叠加的针法，其分类如图4-148所示。

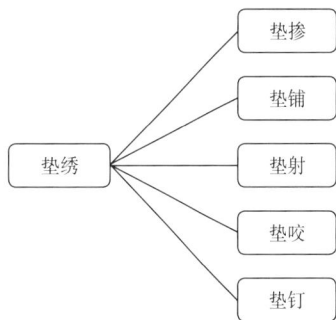

图4-148　垫绣分类

1. 垫掺类针法

垫掺类针法有垫绣放针，绣制时沿图案纹样垫棉花或纸丁，后从图案中心起针，长短针组合向四周绣制，形成放射状的针迹，此种针法只能用绒线绣制，不适合钉金绣，常常用于表现岭南的特色果蔬。

2. 垫咬类针法

垫咬类的针法有垫绣咬针、绕丁咬针等。绣制垫绣咬针时，先将纸丁绕图案的第一层轮廓铺垫好，然后以绒线用齐针绕纸丁铺绣，再用纸丁绕图案的二层轮廓进行铺垫，换一种绒线颜色进行绕丁铺绣，图案轮廓有几层就依此绣制几次。在绣制绕丁咬绣时也是先按照物象外轮廓铺垫纸丁，以绒线绕纸丁齐针绣制，第二层垫纸丁之后用另一色绒线咬紧第一层线迹末端，进行第二层的绣制。在绣制时除垫丁和针法的施用很重要以外，还应该注重绒线色彩的选取，应根据物象的特点、光影变化的展现灵活变化。

3. 垫射类针法

垫射类的针法有垫二斗翅针，垫二斗翅针也叫垫二道翅针，通常用来表现飞禽翅膀。绣制时，先沿图案边缘铺垫两层纸丁，并用两种不同颜色的绒线绕纸丁齐针刺绣，再加一层纸丁绣满羽毛，最后在接近禽身的地方用粗线渗色以长短针刺绣，形成立体的鸟翅。

4. 双丁鳞针

双丁鳞针是一种用于绣制飞禽、孔雀等身体部位的垫绣针法，绣制时先用纸丁垫出一层层鱼鳞状的弧形，然后用绒线齐针绕绣，再在鱼鳞内的空白处垫第二层，重复上述做法，直至填充满所要绣制的部分。

5. 退卷针

退卷针也叫织席针或过桥针，可用金银线绣制，这是一种用纸丁做骨骼，按纸丁行距起落针退进的上下回旋平凹刺绣的针法。其纸丁要保持排与排之间等距，起针后在绣面上退两排纸丁落针，落针后在绣面之下前进四排纸丁起针，照此规律拉紧绣线进行刺绣。此种针法适合刺绣竹器、地席等有编织特点的器物。

此外，还有垫高绣与钉金绣相结合，其垫丁方法都一致，只是在所铺垫的凸起上施用的针法不同。

（五）广绣凸绣

广绣的凸绣针法属于变体绣的一种，也称凸高针法。与潮绣不同，广绣的凸绣一般是以棉花和绒线垫底使物象隆起。根据物象要求铺垫的高低程度，广绣的针法可以归纳为三种。

第一种是用较粗的绒线在绣地上一层叠一层地绣制，直到达到物象需要的高度，然后用其他针法例如续针、补针等进行细节刻画，以达到物象需要表现的质感。例如，叠堆绣就是以绒线打底铺垫，使绣面呈现立体微凸的效果，但其利用的针法比较广泛和自由，常用到乱针、平针还有打籽针等。为了表现画面的色彩层次，使用上述针法不断在一个面上进行重复的堆绣，以强调画面的立体凹凸效果及色彩、空间的变化，如图4-149所示。

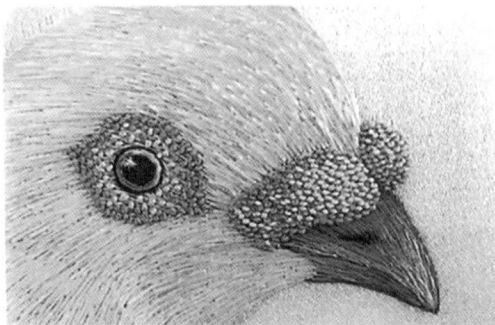

图4-149 叠堆绣

第二种是用棉花垫底，再用绒线以铺针的手法纵横将棉花封牢，使之不会外露，最后利用需要的针法继续绣制，完成物象。

第三种是以棉花垫底，薄绸封口，封薄绸时要用绒线在薄绸的周围钉牢，最后在薄绸上把需要的针法绣上。此种手法在清代很多绣品上有所体现，特别是在绣制人像时。如图4-150所示，绣制者常在人物鼻子突出的部分运用凸高工艺，使整个面部起伏有致，更加生动逼真。

图4-150 人像绣

广绣中凸绣的分类方法与潮绣不同，广绣是通过垫高的手法进行分类，而潮绣是根据补绣施用的针法进行分类。广绣中的凸绣也可与不同针法相结合，取决于所要表达物象的需要，因此除掌握垫高手法之外，灵活运用其他针法也尤为重要。

垫绒和凸绣以精湛的技艺，将物象立体地表现出来，赋予物象更丰富的艺术效果，物象在二维的绣面上凸起，突破了二维艺术单薄的表现形式。在整体作品中来看，虽只是对部分物象做了凸起处理，但这样却具有画龙点睛之效，使整幅作品饱满精致，有浮雕感，具有栩栩如生的效果。

✎ 小结 ．

本章主要是对传统刺绣图案进行工艺解析，由于刺绣的针法有上百种，现将传统刺绣工艺按照针法的性质、形状和用途分为九大系列。除此之外，针对传统的四大名绣进行详细的针法说明。分析表明，四大名绣针法多样，绣、挑、锁、铺、插，还有的相互打结，千变万化。虽然不同绣种的工艺各具特色，但离不开最基础的绣法：平绣、编绣、织绣、施针绣等。结合第三章的针法题材特征与第四章的工艺方法为刺绣图案风格迁移提供了针法、题材学习基础。

第五章

刺绣艺术风格迁移研究

图像风格迁移技术成为产业领域非常重要的研究方法，区别于传统的非真实质绘制方法，借助机器学习的方法生成了高效且美观的艺术化图像。风格迁移的目的是在内容图像的基础上提取风格图像的信息进行融合，最终在短时间内生成高质量目标风格化图像。首先，利用第二章刺绣数据库和图像识别功能，将不同的刺绣元素进行分类并建立分类库，智能读取元素风格针法系列组合。在生成艺术风格迁移效果图时，智能分析目标类别，根据目标对象在刺绣图像数据库中的分类，确定迁移针法系列组合。同时结合第三章传统刺绣纹样针法、绣法和题材特征及第四章传统刺绣的工艺解析，明确迁移内容和刺绣轮廓针法等细节，选择符合目标对象的迁移方法，详细分析基于改进式卷积神经网络和生成对抗式网络风格迁移中的相关技术问题，并对现有的风格迁移发展进行系统阐述。

图像风格迁移可以理解为两个不同域中图像的转换，如图5-1所示，提供一张风格图像图5-1（a），将任意一张内容图像图5-1（b）转化为迁移图像图5-1（c），并尽可能保留原图像的内容。神经风格迁移（Neural Style Transfer，NST）和传统风格迁移是风格迁移的两种主要技术。传统的风格迁移主要包括非真实感绘制（Non-Photorealistic Rendering，NPR）和纹理迁移。非真实感绘制是利用计算机程序模拟艺术风格图像产生的步骤，通过对水彩画、油画、粉笔画等艺术作品进行模拟，从而生成效果逼真和具有观赏性的高品质艺术图片。常见的神经风格迁移技术主要包括基于图像迭代的慢速神经风格迁移和基于模型迭代的快速神经风格迁移[1]。前者根据图像逐像素迭代得到风格化图像，效率低耗时长；后者利用搭建好的模型进行风格化处理，速度快但生成质量不佳。

（a）风格图像

（b）内容图像

（c）迁移图像

图5-1 风格迁移过程

随着NST技术的不断发展，国内研究人员已通过仿真建模、网格划分、遗传算法、Spiral算法、图像解析、混色原理等技术模拟了不同的中华民族艺术作品。主要包括山水画、重彩画、烙画、书法等作品，而对刺绣艺术风格的模拟却并不多见。虽然针对刺绣艺术风格迁移的研究已经存在，但还普遍存在着刺绣内容轮廓模糊、纹理随机迁移等问题，导致形成的模拟效果仍只是在色彩方面的迁移，与实际所需要的刺绣艺术风格迁移效果差异较大。

本书通过提取低层语义信息和高层语义特征，借助计算机设备与风格迁移技术，利用不同的算法模拟出具有刺绣艺术效果的图像，更好地模拟真实刺绣艺术的线条方向，突出了不同种类刺绣的针法特征和织物表面的纹理效果，解决了传统刺绣绣制周期长、价格昂贵，对非遗传承人技法要求高等问题；充分地彰显了中华民族的服饰特色，并将传统服装元素应用到现代服饰中，为服装设计师的创作提供更多的可能。同时，有效地模拟了色彩艳丽、风格多样、线条立体的刺绣艺术风格图像，为非物质文化传承和数字化保护奠定了基础。

第一节
图像风格迁移相关理论

一、基于传统图像风格迁移研究

图像风格迁移是指利用计算机技术对图像进行重新渲染，在不改变原有内容的基础上对它的纹理、色彩和风格进行融合的过程。传统风格迁移方法主要包括非真实感绘制（Non-Photorcalistic Rendering，NPR）和纹理迁移[1]。NPR可以实现油画、铅笔画、山水画以及中国古典画的风格绘制。已有的风格迁移可以被分类为基于笔触的方法、基于滤波器的方法以及基于实例的方法[2-3]。王涛[5]提出滤波过程中虚假条纹模拟算法可实现凡·高油画的流体效果；Martin等[5]人提出了三维人物自由形态动画的时空素描新概念，通过关键格动画、分层运动、数据驱动动画、程序动画、路径规划的方式对素描草图铅笔画成功进行了模拟；Sheng等[6]人利用HOG特征捕捉脸型质量、人脸对齐的方法实现面部卡通风格化和数字面部化妆技术；钱文华[8]等人提出滤波扩散和线积分卷积（LIC）的方法对粉笔画艺术风格进行模拟，突出了粉笔画的线条细节信息和笔画艺术特征。

纹理迁移技术主要能够将目标图像选择合适的纹理信息进行填充，不仅可以选择规律重复的几何纹样，也可以选择单一复杂的纹理，使得生成图像具有与原目标相似的纹理风格。Efros和Leung[8]采用一种纹理合成的非参数方法，基于马尔科夫随机场（Markov

Random Field，MRF）模型选取待填充像素周围纹理对该点进行填充，实现局部纹理结构的填充；Ashikhmin[9]提出了适用于自然景观的纹理合成算法；张海嵩等人[10]运用多层纹理阵列、国画光照模型、提取轮廓线等模块实时绘制具有3D中国画效果的山峦场景；钱小燕等人[11]提出了一种邻域一致性度量方法，通过把统计特性引入相似性度量中来，提高图像匹配点搜索的效率。

二、基于深度学习图像风格迁移研究

随着计算机技术与深度学习应用领域的不断扩展，相关的研究案例也数不胜数，计算机图像提取技术在艺术设计领域也存在更多的可能。目前基于深度学习的图像风格迁移方法主要分为两类：图像迭代法和模型迭代法。图像迭代法以Gatys等人[12]的算法为代表，Gatys等人在2015年第一次将VGG网络和Gram矩阵[13]应用到风格迁移中，利用VGG网络的中间层提取图像的内容特征，然后使用Gram矩阵描述图像的内容信息。模型迭代法包括基于前馈生成模型的方法和基于GAN的方法，其代表性人物主要是Johnson等人[14]和Ulyanov等人[15]。Johnson等人以Gatys等人[16]的算法为基础来进行改进，率先提出了基于前馈风格化模型的快速风格迁移方法，实现了实时风格转换。Johnson等人引入感知损失函数，该损失函数与Gatys等人提出的两个损失函数一致。Ulyanov等人提出的图像生成模型使用了多尺度架构，可以学习到输入图像在不同维度上的特征，使生成图像拥有更加丰富的细节。Ulyanov等人的模型采用了更多的并行通道，减少了模型参数，进一步提升了风格迁移速度。

此后，大量的学者在此基础上进一步将神经网络应用到风格迁移的艺术风格模拟中。比如国内的高晟[17]利用VGG19网络进行特征提取，根据迁移图像和风格图像不断地优化总体损失函数，调整参数实现山水画更高效的快速风格迁移。王涛[18]提出多尺度各向异性模拟算法实现凡·高风格油画的层次感、涡旋状和流体效果；冯培超[19]等人提出用具有多角度针迹的苗绣艺术风格绘制方法分割苗绣图像，利用矩阵空间变化生成针迹纹理并合成纹理图，突出了苗绣多角度针迹纹理特征和色彩对比强烈的效果；吴航等人[20]针对不同数据集训练模型，采用基于深度神经网络的风格模拟方法对目标图像进行语义分割和变形融合处理，将普通的图像生成对应的葫芦烙画；吴昊[21]根据乱针绣的纹理特点定义了可旋转非规则基元，提出了一种基于稀疏表示的风格基元建模方法，对基元纹理进行表示，最后根据内容图像的方向场放置基元生成最终的风格化图像，经实验表明，该方法在风格化图像中较好地模拟出乱针绣针法并减少人造痕迹。祁新[22]提出了一种MASK约束的图像局部风格迁移算法，借助FW-Deep Lab v3+算法分割内容图像并提取目标区域，同时基于Gram矩阵重新定义图像局部风格迁移内容、风格损失函数，改进后的算法有较好的局部风格转换能力，提升了算法的性能和收敛速度。

第二节
卷积神经网络理论与技术

一、卷积神经网络

1. 神经网络的生物机理

不同的学科之间存在某一方面的关联性，一个学科的进步也会推动相关学科的发展，生物学神经网络的研究为人工神经网络的发展提供了必要的理论与模型。1904年，生物学家掌握了生物神经元的信息传递过程与组成结构。美国的心理学家McCulloch和数学家Pitts在1943年基于神经元的特征提出了MP神经元数学模型，MP神经数学模型如图5-2所示，其中 j 代表某一神经元，X_i 用于模拟树突接收到的多个输入，考虑到生物神经元有多种不同的突触性质和强度，故而利用不同的权重 W_{ij} 表征不同信息对神经元的不同影响，其正负可以用于模拟突触的兴奋和抑制，不同的数值大小可以表征不同的连接强度，θ 为阈值，y_j 用于模拟轴突末梢的输出，只有当 $y_j>0$ 时，神经元才能被激活并释放脉冲1，否则不会发出信息，即 y_j 为0。MP模型虽然只能完成固定的逻辑判断，没有学习能力，但却为神经网络的发展打下了良好的基础。

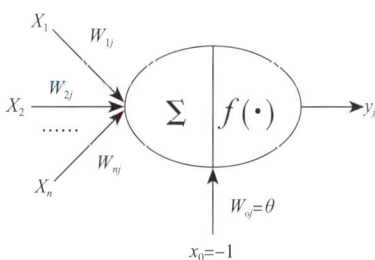

图5-2 MP单个神经元模型

1953年，美国科学家Keffer Hartline和Stephen W.Kuffler发现猫科动物的视网膜神经元细胞呈同心圆状，进而提出了视觉感受野这一概念。随后，Hubel和Wiesel在此基础上继续对猫科的视觉细胞进行研究，发现猫科动物只有部分视觉神经元接收到外部信息，即通过提取每个敏感神经元感知到的局部信息，并将局部信息进行有效整合，就可以感知外部世界，并不需要所有的神经元进行感知与传递信息。

2. 网络特征

（1）局部连接。局部连接即将目前层级神经元节点与上一层的部分节点相连接，而全连接则需要保证当前层级的节点与上一层的所有节点均有连接，这两种不同连接方式如图5-3所示。

局部连接方式是卷积神经网络的主要特点之一。首先，卷积神经网络利用局部感知结构获取图像的局部特征，随后将局部特征进行有效整合，以得到图像的全局特征。如图5-3（a）所示，局部连接的第一层与第二层的神经元之间只有3×3=9根线条相连，即只需要传递9个参数图；而全连接的第一层与第二层的神经元之间有5×3=15根线条相连，意味着需要传递15个参数，如图5-3（b）所示。因此，采用局部连接的方式将局部信息综合起来感知全局的信息，可降低参数运行数量，提升计算效率，且可在一定程度上避免出现过拟合的现象。

（2）权值共享。权值共享是另一主要特性。由于使用局部连接结构减少传递的参数量仍然难以满足网络的高效训练需

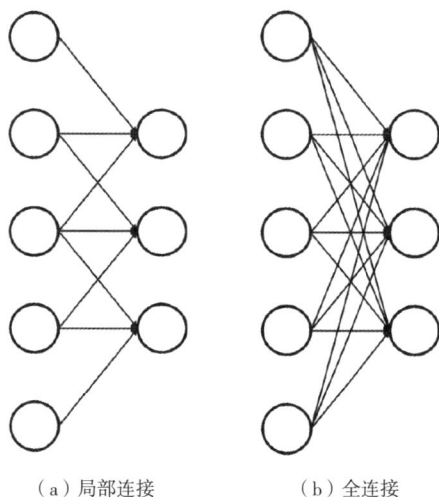

（a）局部连接　　　（b）全连接

图5-3　网络的不同连接方式

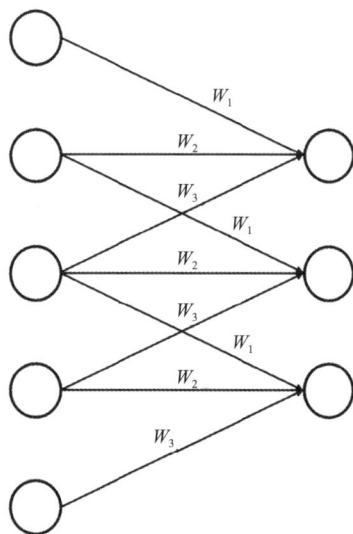

图5-4　权值共享图

求，所以需要通过权值共享这一特性进一步缩减参数。卷积神经网络利用不同的卷积核提取不同的图像特征，而每个卷积核实际上是由多个权重值构成的矩阵，对于一张图片的任意区域的同一特征可以利用同一卷积核提取，故同一特征是共用了同一卷积核的权值的。如图5-4所示，对于局部连接而言，第一层与第二层神经元之间需要传递9个不同权值参数，而在权值共享的作用下，只需要传递3个不同的权值参数，进一步减少了参数量，提升了学习效率。

3. 网络结构与特征提取

卷积神经网络也称CNN，是一种前馈神经网络，能仿造生物视觉和知觉，被应用于计算机视觉和自然语言处理等多个领域，其中计算机视觉包括了图像识别、物体识别和神经风格迁移等领域。由于卷积神经网络自身具有表征学习能力，能够提取平移不变的特征；还具有生物学相似性和连接性，能仿造生物视知觉并实现快速学习，故在图像分类领域是最有效的方法之一。卷积神经网络包含了多个层级结构，有输入层、卷积层、激励层、池化层、全连接层以及输出层，如图5-5所示，卷积层是卷积网络的核心，通过不断地卷积提取到图像的特征，最后输出。

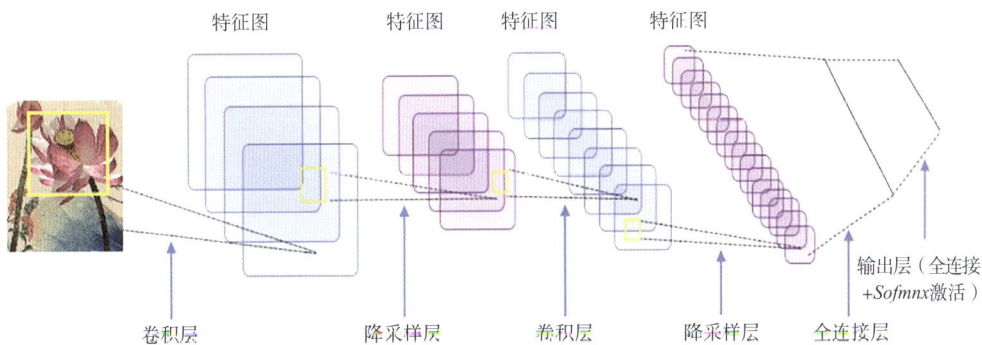

图5-5　卷积神经网络结构

（1）卷积层。卷积层是卷积神经网络中的核心层，可以对输入的数据进行特征提取。卷积层由若干卷积核组成，卷积核最常见的大小为3×3，每个卷积核对应某一类型特征的提取器，具体的卷积操作为：经过训练的卷积核（或初始卷积核）与上一层特征矩阵的局部相连，卷积核中的权重与特征矩阵中的像素分别相乘再相加，得到局部卷积操作的结果，随着卷积核在上一层特征矩阵中的平移和重复的局部卷积操作，最终可得每个卷积层的全局特征矩阵，卷积过程如图5-6所示，左侧是原始输

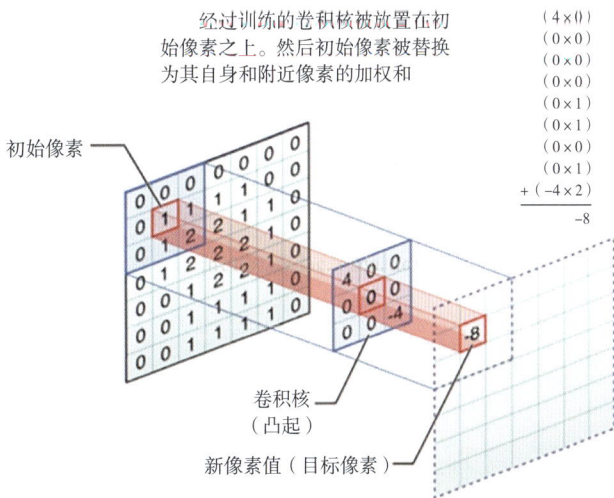

图5-6　卷积运算图

入数据，中间部分是滤波器，右侧则是输出的新二维数据。针对未知图案和标准图案中的每个局部区域逐一进行分步卷积，其中每个匹配的小块被称为Features，最后对矩阵元素乘法求和并叠加偏差量。卷积操作的实质就是对图像和滤波矩阵做内积，最终得到目标像素值。

（2）池化层。池化层也时常被称作下采样层，其计算操作与卷积层基本一致，同样是用滑动窗口进行滑动计算，池化层的主要目的是有效地缩小参数矩阵的尺寸，从而减少最后连接层中的参数数量，具有提高计算速度、减少模型过拟合风险以及提取特征不变性等优点。目前常见的池化类型有最大池化层和平均池化层，如图5-7所示，池化取矩阵中的最大值作为输出，能够有效提取区域中最明显的特征，有利于区分图像中的前景和背景；平均池化则取平均值，一定程度淡化了特征数值的差异，因此，难区分前景和背景。池化层通过方形窗口提取区域的信息，最后对池化模板进行均值化操作。通过池化层的处理，可以提高模型的计算效率，并增强模型的稳定性和泛化能力。

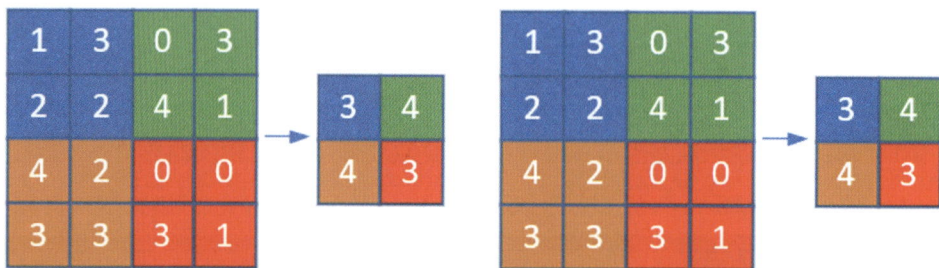

（a）最大池化层示意图　　　　　　　（b）平均池化层示意图

图5-7　两种常见池化层示意图

（3）全连接层。卷积神经网络结构中，在经过多次卷积和池化操作后，一般采用全连接层来对特征向量进行分类。全连接层中的每个神经元与上一层中的所有神经元都完全连接，然后集成之前提取的有效特征以进行分类，这实际上是将一个特征空间映射到另一个特征空间。全连接层是池化层后的一个隐含层，且全连接层之间可以互相传递信号，作用是对特征进行非线性组合并输出，相当于对池化层输出的特征进行重新组合和加工，使其得到更好的分类效果。

二、常见的经典卷积神经网络

为了提取更好的深度特征，有许多表现优异的卷积神经网络结构被提出，在图形图像领域应用较多的卷积神经网络有AlexNet、VGGNet、ResNet和InceptionNet等。

1.AlexNet

AlexNet在2012年的ImageNet分类挑战赛中以绝对优势取得了大赛第一名的佳绩，其网络结构如图5-8所示。该网络是一种层数为8层的CNN结构，它由5层卷积层和3层全连接层组成，在多数图像检索研究中，选择AlexNet倒数第二层全连接层的输出，一个4096维的特征向量作为图像被提取的特征向量。AlexNet网络结构的优化主要可概括为以下几点：一是使用更加简单的ReLU函数作为网络的激活函数；二是使用丢弃法调控全连接层模型的复杂度；三是引入LRN层增强模型的泛化能力；四是通过对图片进行缩放、旋转、剪裁等处理，对数据集进行扩容，有效缓解过拟合；五是提出使用多GPU并行运算，在很大程度上提升了计算速度。AlexNet凭借其优越的性能正式确立了深度学习在图形图像领域的核心地位。

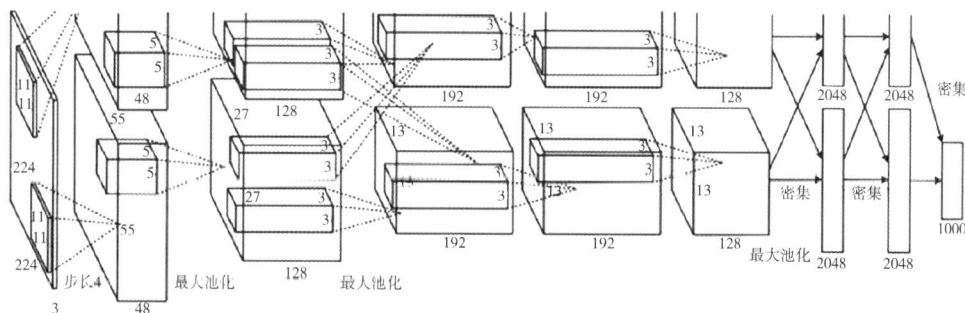

图5-8　AlexNet模型结构

2.VGGNet

VGGNet是一个系列的网络，其网络层数从11到19层不等，如图5-9所示，为了将更多的计算资源留给更深层的网络，VGGNet去掉了LRN层，在卷积层使用3×3的小卷积核提取特征，并在池化层使用2×2大小的采样窗口对特征降维。VGGNet凭借其加深的网络层次，大幅提升了网络性能。在特征提取在多数图像检索研究中，选择VGGNet16和VGGNet19作为基础网络，一般将倒数第二层全连接层的输出，作为图像提取出的特征向量，VGGNet19比VGGNet16网络更深，提取的特征向量也更精准。

深度卷积神经网络					
A	A–LRN	B	C	D	E
11权重层数	11权重层数	13权重层数	16权重层数	16权重层数	19权重层数
输入（224×224彩色图像）					
卷积3-64	卷积3-64 LRN	卷积3-64 卷积3-64	卷积3-64 卷积3-64	卷积3-64 卷积3-64	卷积3-64 卷积3-64
最大池化					
卷积3-128	卷积3-128	卷积3-128 卷积3-128	卷积3-128 卷积3-128	卷积3-128 卷积3-128	卷积3-128 卷积3-128
最大池化					
卷积3-256 卷积3-256	卷积3-256 卷积3-256	卷积3-256 卷积3-256	卷积3-256 卷积3-256 卷积1-256	卷积3-256 卷积3-256 卷积3-256	卷积3-256 卷积3-256 卷积3-256 卷积3-256
最大池化					
卷积3-512 卷积3-512	卷积3-512 卷积3-512	卷积3-512 卷积3-512	卷积3-512 卷积3-512 卷积1-512	卷积3-512 卷积3-512 卷积3-512	卷积3-512 卷积3-512 卷积3-512 卷积3-512
最大池化					
卷积3-512 卷积3-512	卷积3-512 卷积3-512	卷积3-512 卷积3-512	卷积3-512 卷积3-512 卷积1-512	卷积3-512 卷积3-512 卷积3-512	卷积3-512 卷积3-512 卷积3-512 卷积3-512
最大池化					
全连接层-4096					
全连接层-4096					
全连接层-1000					
输出层					

图5-9　VGGNet模型结构

3.ResNet

ResNet是卷积神经网络史上又一里程碑式的研究成果，何凯明等人在2015年的ImageNet挑战赛中凭借ResNet的突出表现荣获5项冠军。ResNet网络层次较深，达到了50层的深度，为了简化深度网络的学习难度，何凯明等人引入了残差学习，残差模块结构如图5-10所示，并将残差

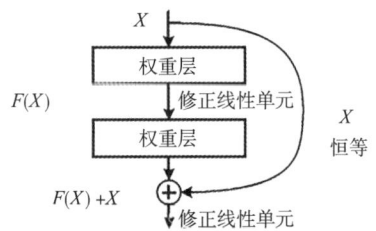

图5-10　残差模块结构

函数设定成深度网络的学习目标，由于残差值一般较小，所以难度等级得以降低，成功解决了由于网络层数过深所造成的梯度不明显的问题。

4.InceptionNet

InceptionNet也是一个系列网络，其最初的版本是 InceptionV1。如图5-11所示，展示了InceptionV1的基础结构——Inception模块，它将尺度不同的卷积操作相连，5×5、33、11的卷积核将图像的特征输出为不同尺度大小的特征表示。这意味着，Inception模块将不同尺度的特征进行了融合，经过连续多个Inception模块后，图像的特征表示融合了图像低层表面的特征和高层语义层面的特征。Inception V2在InceptionV1的基础上增加了批量归一化层（BatchNormalization，BN）。相较于InceptionV1模型，进一步减少了过拟合，增强了模型的稳定性和图像特征提取的能力。

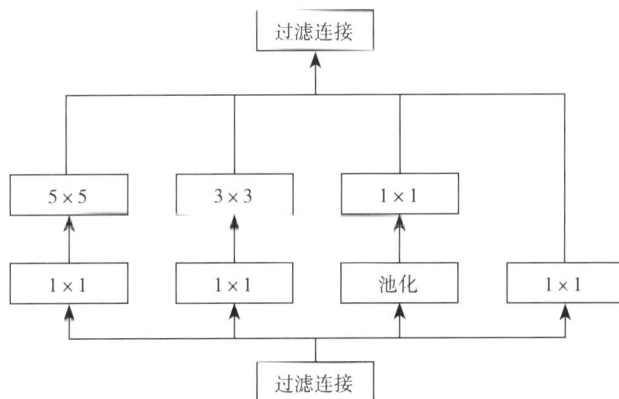

图5-11　InceptionV1基本结构

为了加快模型训练和收敛，InceptionV3提出了两种更高维的Inception基础结构，一种用1×7卷积核的堆叠替代了7×7的卷积操作，降低了模型的计算量，一种用更宽的网络结构获得了更高维的特征表示。InceptionV4则是加入了残差学习的思想，与 ResNet4 结合，目的是加深Inception网络的同时加快模型的训练和收敛，但是InceptionV4模型并不比V3在图像特征提取上的准确率效果提升明显，训练模型的时间和模型的大小却都增加了数倍。

三、基于卷积神经网络的图像风格迁移技术

1. 基本原理

2015年，Gatys[23]提出了基于神经网络的风格迁移算法，通过对图像的内容及风格进

行分离和再结合，最终合成新的图像，使新的生成图像同时具有两种图像的特征，该方法也被称为神经风格迁移（Neural Style Transfer）。

　　风格迁移的核心原理就是可以实现不同图像任意风格的转换，使真实照片生成指定的风格。实现这个过程的思路即通过卷积运算分别提取风格图片和内容图片在不同网络层次的特征，随后对提取到的特征进行学习，得到具有原风格特征的内容图像。风格迁移过程如图5-12所示，首先输入风格图像和内容图像，利用卷积神经网络提取图像的特征，这个过程会抽取多个层级的特征，然后选取某些层级的特征作为风格特征或内容特征。

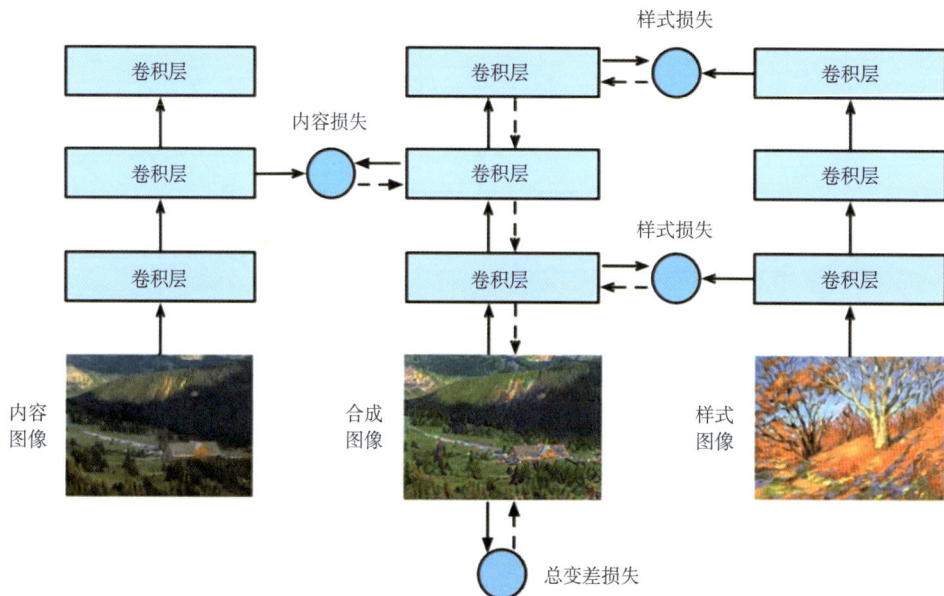

图5-12　图像风格迁移过程图

　　在风格迁移时，首先需要计算风格化后的内容特征和原始内容图片的内容特征之间的距离，这一距离被称为内容损失，同时还需要计算风格化后的风格特征和原始风格图片的风格特征之间的距离，这一距离被称为风格损失。其次，风格迁移算法会通过最小化内容损失和风格损失的线性组合来实现图像的风格变换，使得生成的白噪声图像更接近参考图像，达到最终理想的效果。

　　在神经风格迁移系统中，首先给生成的图像定义一个代价函数，代价函数定义为两个部分，分别是内容代价和风格代价。该代价函数可以缩短图片生成的时间，即函数越小，时间越短。代价函数用于判断生成图像的好坏，其中，内容代价函数是基于内容图片和生成图片之间的特征相似性来度量的，用于评价二者的相似度。而风格代价函数则用于评价生成图片和风格图片之间的相似度。

2.内容损失

该模型的训练过程：在输入内容图片后，需要计算指定层网络输出的值。针对内容损失，其计算方式是通过计算卷积神经网络第四层内容图片与白噪声图片之间的距离得出，其表示式为（5-1），$\vec{p}$是内容图像，$\vec{x}$是生成的白噪声图像，l是卷积层，F_{ij}^l表示第l层卷积神经网络中第i个卷积核在第j个位置上的激活值。

$$L_{content(\vec{p},\vec{x},l)} = \frac{1}{2} \sum_{i,j} (F_{i,j}^l - P_{i,j}^l)^2 \qquad (5-1)$$

3.风格损失

输入风格图片，计算其网络指定层上的输出值，在风格损失上，Gatys等利用Gram矩阵来表示一张图的风格。Gram矩阵的作用是提取图像的纹理信息和颜色信息，其表达式如式（5-2）所示。

$$G_{i,j}^l = \sum_{i,j} F_{ik} F_{jk} \qquad (5-2)$$

Gram矩阵可以被视为特征间的偏心协方差矩阵，即格拉姆矩阵，可以计算线性无关，确定线性系统的性质，表现不同特征向量间的相关性。Gram矩阵计算即计算通道的内积，把握图像中不同特征之间的联系，并确定它们之间的相对重要性，从而获取到作品的风格。

若给定风格图片a，生成图片x，则在第1层的风格损失函数可以表达为：

$$E_l = \frac{1}{4N_l^2 M_l^2} \sum_{i,j} (G_{i,j}^l - A_{i,j}^l)^2 \qquad (5-3)$$

4.总损失

总损失函数如式（5-4）所示。

$$L_{style} = \sum_{l=0}^{L} \omega_l E_l \qquad (5-4)$$

式中：ω_l为每层的权重。

生成神经风格迁移图像的过程中，需要最小化总损失函数，该函数是内容损失和风格损失的线性组合，通过线性组合这两个损失，可以找到一个平衡点，使得生成的图像既符合内容图像的要求又符合风格图像的特征，如式（5-5）所示。

$$L_{total}(\vec{p},\vec{a},\vec{x}) = \alpha L_{content}(\vec{p},\vec{x}) + \beta L_{style}(\vec{a},\vec{x}) \qquad (5-5)$$

第三节
生成对抗网络理论与技术

一、生成式对抗网络

1.生成式对抗网络基本原理

2014年，Goodfellow首次提出了生成式对抗网络，生成式对抗网络是通过输入随机噪声来生成输出图片的，简称GAN。GAN由生成器和判别器两个相互独立的神经网络组成。生成器负责对潜在空间中的随机向量进行采样，并输出合成数据的结果。判别器是一个二分类器，其作用是对输入数据进行判断并输出真实数据的概率。这两个网络在训练的过程中需要不断地进行优化，生成器需要努力欺骗判别器，而判别器则需要学习如何区分真实数据和合成数据，由此形成了一种对抗的状态，不断地推动两个网络的进步，训练过程如图5-13所示。

GAN中的生成器是一种神经网络，输入一组随机的数据矩阵，通过非线性计算而产生真实的图像。生成器的输入服从多元正态分布，并生成等于原始真实图像大小的输出，它的作用是产生逼真的图像，且在完成训练后实现高性能生成效果。判别器的作用是分类生成图像的真假，在本质上类似于监督分类问题，且判别器对结果的分类能力还包括图像、视频、文本等很多领域。

GAN相对于其他生成模型的优势是不需要训练，能自动学习原始样本集的数据分布，属于无监督学习，且GAN能生成比目前图像更清晰的图像。

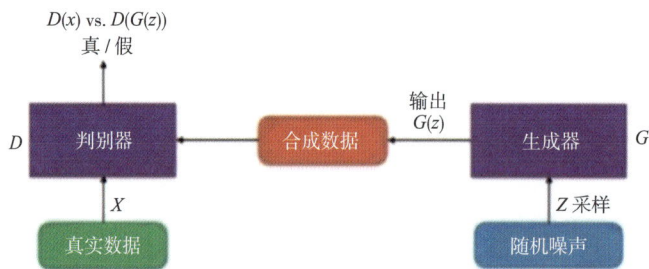

图5-13　生成式对抗网络训练过程

2. 对抗损失函数

对抗损失函数（Adv ersarialLoss）是生成式对抗网络的关键部分。其直接指示判别器的学习方向，并且为生成器的学习提供帮助。对抗损失函数一般分为 L_D 和 L_G 两部分，分别用于判别器和生成器。

常见的对抗损失函数有 SGAN、LSGAN、WGAN、WGAN-GP、RaGAN、RaLSGAN 等。其中 SGAN（Standard GAN 又名 Vanilla GAN）指的是 GoodFellow 提出的对抗损失函数。部分损失函数的公式如表5-1所示。表中 $C(x)$ 满足 $D(x)=sigmoid(C(x))$，并且 SGAN 中生成器的损失函数为非饱和版本。

表5-1　部分对抗损失函数的公式[12]

名称	公式
SGAN	$L_D^{SGAN} = -E_{x_r \sim P}[\log(sigmoid(C(x_r)))] - E_{x_f \sim Q}[\log(1-sigmoid(C(x_f)))]$
	$L_D^{SGAN} = -E_{x_f \sim Q}[\log(sigmoid(C(x_f)))]$
LSGAN	$L_D^{LSGAN} = E_{x_r \sim P}[(C(x_r)-0)^2] - E_{x_f \sim Q}[(C(x_f)-1)^2]$
	$L_D^{LSGAN} = E_{x_f \sim Q}[(C(x_f)-0)^2]$
WGAN-GP	$L_D^{WGAN-GP} = -E_{x_r \sim P}[C(x_r)] - E_{x_f \sim Q}[C(x_f)] + \lambda E_{\hat{x} \sim P_{\hat{x}}}[(\| \nabla_x C(\hat{x}) \|_2 - 1)^2]$
	$L_D^{WGAN-GP} = -E_{x_f \sim Q}[C(x_f)]$
RaLSGAN	$L_D^{RaLSGAN} = E_{x_r \sim P}[(C(x_r) - E_{x_f \sim Q}C(x_f) - 1)^2] + E_{x_f \sim Q}[(C(x_f) - E_{x_r \sim P}C(x_r) + 1)^2]$
	$L_D^{RaLSGAN} = E_{x_f \sim P}[(C(x_r) - E_{x_r \sim P}C(x_r) - 1)^2] + E_{x_r \sim P}[(C(x_r) - E_{x_f \sim Q}C(x_f) + 1)^2]$

3. 常见的生成对抗网络

（1）GAN。生成对抗网络在图像生成、图像转换、文字到图片转化、图像抽象表情、图片编辑、图像超分辨率和图片修复、服装转化与视频预测，甚至3D打印等领域具有广泛的应用。

2014年，Goodfellow 等人首次提出生成对抗网络，GAN 主要包含两个相互独立的神经网络模型：在训练的过程中，生成模型（Generator）和判别模型（Discriminator）通过相互否定的方式进行互相监督学习，生成器不断学习生成与目标样本高度相似的图案，通过判别器进行真伪性判定，直到判别器无法判定输入的样本是生成器生成的伪样本还是真实的样本，对抗达到平衡，此时生成器模型输出伪样本，也是实验结果。GAN

网络具体模型如图5-14所示。从一个随机均匀分布里采样一个噪声X，通过生成器得到假的数据样本G_x，此时判别器D获得一个真实数据Y或者由生成器输出的伪数据G_x作为输入；输出是一个概率值，含义是生成器生成的假数据样本被认为是真实数据的概率，若输入为真实样本，反馈为1，否则为0：当反馈为0时，判别器会再次督促生成器的训练；这样循环往复，最终我们的目标就是生成器生成足以以假乱真的伪样本。经过大量实验表明，判别器每次的输出为1/2时为模型最优。GAN的目标函数如式（5-6）所示。

$$\min_G \max_D V(D,G) = E_{y \sim p_{date}(y)}[\log D(y)] + E_{x \sim p_x(x)}[\log(1-D(x))] \tag{5-6}$$

其中，$V(D,G)$表示GAN待优化的损失函数，$P_{date}(y)$是真实数据分布，$P_x(x)$为随机噪声分布。

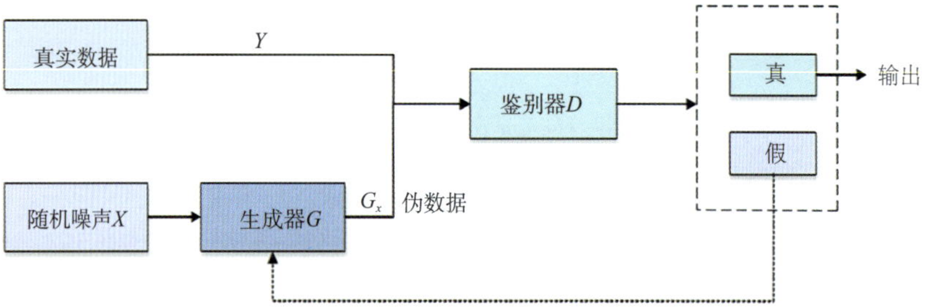

图5-14　生成对抗网络模型

（2）CycleGAN风格迁移网络模型。CycleGAN是能实现图像风格转换的GAN网络，在它出现之前，Isola[24]就提出了Pix2Pix网络，但Pix2Pix有很大的局限性，即需要成对标签化数据，使寻找样本数据成了难题。而CycleGAN克服了这个问题，不需要对应关系也能实现两种类型图像间的转换，相比Pix2Pix更加实用。

具体方法为：将虚假图像b映射到图像集a，使之产生a_1（a_1也为虚假图像），然后通过判断虚假图像a_1是否同真实a_1近似，来确保模型能真正学习到一对一的映射，这就是一个完整的单一方向的生成式对抗网络，由循环一致损失监督训练网络。具体操作如图5-15所示。

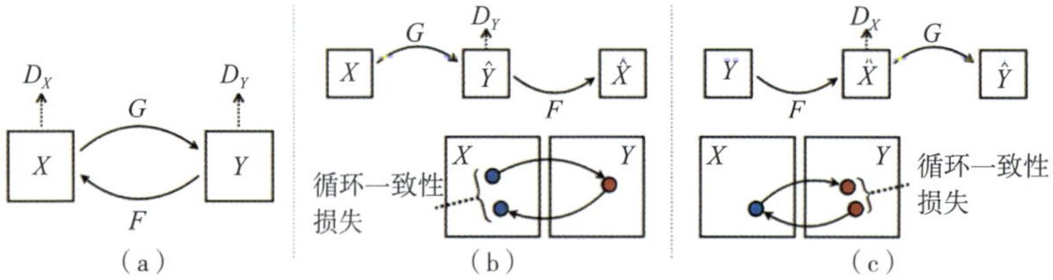

图5-15　CycleGAN结构图

CycleGAN的损失函数计算方式如式（5-7）所示。

L_{GAN}是生成对抗损失，指生成器学习X到Y的映射，实现样本在两个空间中的转换。G为生成器，D为判别器，$G(x)$指生成器生成的图片，$E_{x\sim p_{data}(x)}$指在X空间中的样本，$E_{y\sim p_{data}(y)}$指在Y空间中的样本，$D_Y(y)$指判别器判断y是否是Y空间中样本的概率，$D_Y(G(x))$指判别器判断生成图片是否是Y空间样本的概率。

$$L_{GAN}(G,F,D_X,D_Y) = E_{y\sim p_{data}(y)}[\log D_Y(y)] + E_{x\sim p_{data}(x)}[\log 1 - D_Y(G(x))] \tag{5-7}$$

$L_{cyc}(G,F)$是循环一致损失，如式（5-8）所示。原理是同时学习两个映射G和F，并让$F(G(x))$尽量与x相似，让$G(F(y))$尽量与y相似。

$$L_{cyc}(G,F) = E_{x\sim p_{data}(x)}[\| F(G(x)) - x \|_1] + E_{y\sim p_{data}(y)}[\| G(F(y)) - y \|_1] \tag{5-8}$$

最终损失函数如式（5-9）所示。

$$L(G,F,D_X,D_Y) = L_{GAN}(G,D_Y,X,Y) + L_{GAN}(F,D_X,Y,X) + L_{cyc}(G,F) \tag{5-9}$$

第四节
基于改进的卷积式神经网络的刺绣风格迁移

一、基于改进的卷积式神经网络风格迁移算法

1.VGG19 网络结构

实现艺术风格模拟的卷积神经网络方法可以分为以下几种：单一艺术风格图像模拟、多种艺术风格图像模拟、任意艺术风格图像模拟以及利用条件生成对抗网络实现的艺术风格图像模拟。本书研究苏绣所选用的方法为VGG19，属于单一艺术风格图像模拟。

VGG有两种结构，分别是VGG16和VGG19。在VGG19网络中，每一层可以被视为是包含了众多局部特征提取器的复合结构，随着层数的递增，网络逐渐提取出更为抽象的特征，用于物体识别等任务。VGG19包含了19个隐藏层，16个卷积层和3个全连接层，中间是池化层，最后经过softmax，结构模型如图5-16所示。

VGG19整个网络结构包含了5组卷积层，在这一系列的VGG网络中，最后三层都是完全相同的全连接层，每组卷积层之后都连接一个MaxPool层。随着5组卷积层内包含的级联卷积层数量逐渐增加，从而使得特征提取的能力逐渐增强。一方面可以减少网络参数的数量，此外增强了网络的拟合能力和特征提取能力，这样做使得网络能够更好地捕捉数据中的相关特征，生成更为精准的预测结果。

这个算法可以分为两个部分，即风格重构和内容重构。首先从图像中提取风格特征，该步骤包含多次卷积，提取较为简单的特征到较为复杂的特征，逐渐重建出图像的风格。其次是内容重构，内容重构负责提取图像的深层特征，最后再将本次提取的风格和内容进行融合，得到最后的风格迁移的结果。

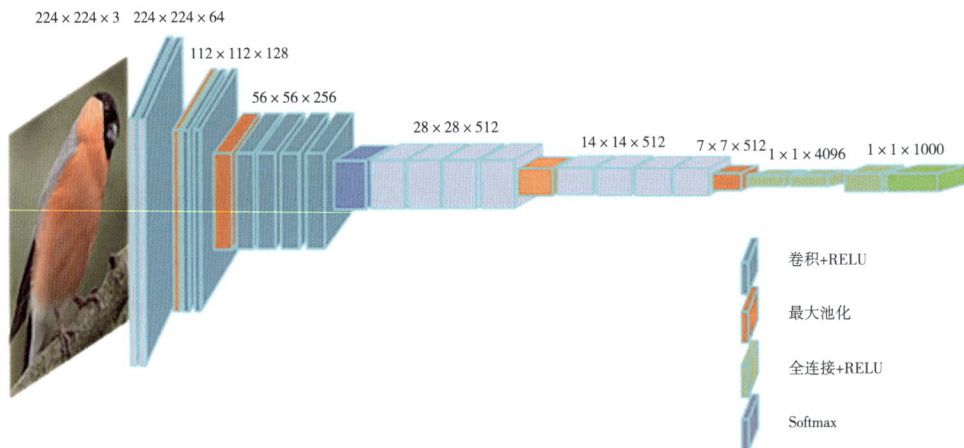

图5-16　VGG19总体架构图

2.HED边缘检测

在图像处理中，边缘特征是图像的基本特征，早期的边缘检测算法大多使用Sobel算子[25]和Canny算子[26]，虽然效果不错，但受场景光线和背景等因素限制，难以确保最后的效果。经过深度学习的发展，利用卷积神经网络进行边缘检测也成为新的趋势，本文所使用的HED（holistically-nested edge detection）即是基于卷积神经网络的算法。在HED网络出现之前，大多数边缘检测方法都是基于局部区域的算法，如N4-field、DeepEdge、DeepContour等。虽然CNN的学习能力也使上述方法取得了不错的边缘检测性能，但也存在测试成本高、计算成本高的缺陷。而HED可以对图像中的每个像素进行判断，简单高效，精确度高。

如图5-17所示，是HED算法与Canny算法的比较，其中图5-17（d）～（f）分别指HED算法下第2、3、4卷积层得到的边缘检测结果，可以看出HED算法输出的结果要优于Canny算法结果，不仅线条更清晰，而且不易出现线条断层、衔接不上的纹理。

（a）原始图像　　　　　　　（b）真实值　　　　　（c）深度学习：输出结果

（d）深度学习：每层输出结果2　（e）深度学习：每层输出结果3　（f）深度学习：每层输出结果4

（g）边缘检测算子σ=2　　　（h）边缘检测算子σ=4　　　（i）边缘检测算子σ=8

图5-17　HED与Canny比较

　　HED网络在VGG网络结构的卷积层后添加了side output。随着网络深度的增加，卷积核的尺寸也逐渐增大，从而导致side output的大小逐渐减小。这种结构的优点是可以从多个角度获取图像的特征，从而提高了网络的性能。HED网络架构建立在VGG19网络的基础之上，做了两方面的修改。VGG19的网络结构如图5-18所示，其中每个颜色是一个阶段，为了节约网络训练的内存和时间成本，HED去掉了最后一个池化层以及全连接层，保留了前5个阶段。其次，为了进行多层次多尺度的特征学习，HED在每个阶段的最后一个卷积层后添加了一侧输出层。

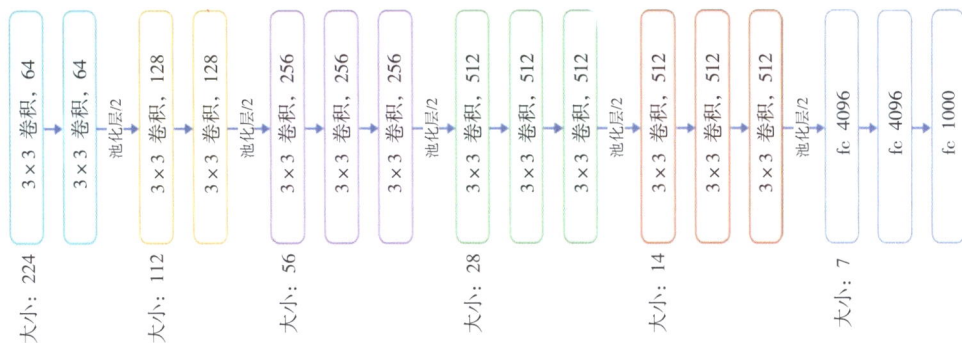

图5-18　VGG19网络结构

HED网络的基本理念是通过holistically（全局的）从图像到图像进行边缘预测，这是一种端到端的过程，该网络通过全局性的信息来实现边缘预测，而在生成输出时，它还通过学习嵌套的边缘预测结果来提高精度。HED网络采用单流深层网络，每一层卷积都会输出一个side output，这些side output被称为"侧输出"。通过这种方式，HED可以对多尺度的图像中的中间细节进行更加丰富的特征提取，因此能够获得更好的边缘检测结果。HED网络的结构如图5-19所示。

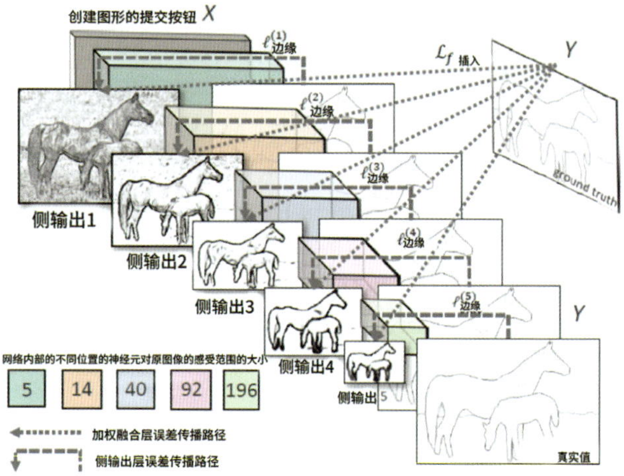

图5-19　HED网络结构图

HED算法具有以下优点：可以直接对图像进行操作，进行多层次、多尺度的学习，具有强大的特征提取能力。通过深度监督技术，每个侧输出层的结果都受到了监督，将不同尺度的特征图进行融合，从而得到更加精确的边缘检测结果。最终输出的图像边缘更加准确清晰，线条衔接更自然。刺绣由于其自身的风格特征，图像内容与背景在使用同样针法且颜色相近的情况下，很难对内容的边缘进行准确地提取，而加入HED算法后，就可以改进提取刺绣边缘的效果，从而生成更高质量的结果。

二、实验

1. 实验平台搭建

此次实验硬件设备为Intel Core i7-7800K CPU，操作系统为win10专业版，内存大小为16G，显卡NVIDIA rtx 2080Ti，CUDA版本8.0，编程语义选择Python，实验主要基于开源深度框架PyTorch。

为了验证卷积式神经网络在刺绣风格迁移方面的效果，本实验选取了数据库中若干苏绣风格图片和数十张真实的内容图片作为实验数据材料。为了便于对比实验结果，所选取的图片景象为鸟和花，本实验参数设置：学习率设置为 2e-3，epochs设置为200。

2. 实验过程与结果

实验1：本实验将一张背景较为光滑的鸟的图片作为内容图像，并选取了一张刺绣立体感强烈的图像作为风格图像。其中风格图像所采用的苏绣针法有齐针、抢针和套针。例如，鸟喙的绣法为抢针，实现颜色由浅到深的转变，而腹部和头部的羽毛则是采用了套针，不仅颜色过渡自然，且针线错开，表现出了羽毛的立体感。

（a）内容图片　　　　（b）风格图片

（c）原合成图像　　　（d）本文方法合成图像

图5-20　鸟合成结果

该实验分为两个部分，首先采用不加约束的VGG19神经网络来进行风格特征的提取和转换，然后使用本书的方法，加入HED边缘检测算法，再对图像进行风格迁移，实验结果如图5-20所示。通过原方法与本书方法形成的实验结果对比，可以发现本书方法合成的图像效果是要好于原方法的。原方法合成图像存在颜色失真、纹理感不强烈且出现部分内容缺失的现象，例如鸟的腹部并没有学习到刺绣的特征，而本书方法的合成图像不仅在整体上学习到了刺绣的纹理感，还表现出了苏绣的针法特点，例如颈部和腹部羽毛处表现的套针针法。

实验2：本实验选取的是牡丹的图片，与实验1的过程相同，首先采用VGG19方法进行实验，并加入HED作为约束条件，再次进行风格迁移实验，针对结果进行对比，实验结果如图5-21所示。原方法合成图像出现了颜色失真的情况，纹理感也差于本书方法的合成图像。然而本书方法合成的图像也存在着针法不强烈的问题，没有很好地学习到风格图片中所使用的套针针法，只在花瓣上表现出了齐针针法。由于牡丹花瓣层叠多，导致内容图像不够平滑，影响到了特征的学习，因此没有鸟的风格迁移效果好。

（a）内容图片　　　（b）风格图片　　　（c）原合成图像　　　（d）本文方法合成图像

图5-21　牡丹合成结果

由于现今没有对计算机图像风格迁移算法形成公认的评价标准体系，且大部分都是主观评价，因此本次实验找到了50位刺绣爱好者，请他们对如图5-22所示的合成效果图像进行对比和评价。这50位刺绣爱好者对苏绣有一定的认识，了解苏绣的风格特征，让其对两种方法合成的图像进行一个满分为10分的评分，最后取50人的平均数，评价的结果见表5-2。可以发现，本书方法生成的图像整体评分较高，故本书方法能在一定程度上对苏绣风格迁移有着优化改进效果。

图5-22 风格迁移结果对比图

表5-2 合成图像评分表1

苏绣	牡丹	荷花	鸟1	鸟2
原方法	6.6	7.2	6.8	7.0
本文方法	8.2	7.6	7.3	7.7

注 取50人的平均数，结果保留一位小数。

第五节 基于生成式对抗网络的刺绣风格迁移

传统生成式对抗网络（GAN）是将随机噪声转换为图片的过程，因此在生成对抗网络中，要想实现图像之间的风格迁移，就要将图像作为输入对象。首先介绍了基于GAN的图像风格迁移技术，以及GAN在这个过程中的作用。然后详细讲解了该风格迁移算法的核心原理和主要流程，并介绍了相对论判别器技术。最后，基于Cycle GAN 方法选取苏绣进行风格迁移实验，以此来鉴别Cycle GAN在苏绣风格迁移方面的效果。

一、基于生成式对抗网络的风格迁移

2015年，Gatys 通过将一张图像的内容和另一张图像的风格融合在一起进行图像风格迁移，使特征重建损失最小。利用该方法可以创造出具有高质量的图像，但这种方法的局限性较大，可能仅对某一类型的图像有效，应用到其他不同类型的图像时可能会产生不同的缺陷。由于每一步优化都要向前或向后经过预训练的神经网络，因此计算代价很大。而生成式对抗网络作为神经网络发展前沿的网络，就在图像翻译和图像生成等领域，焕发出了新的生机。

在生成式对抗网络中，可直接使用生成对抗损失来学习两组图像集间的映射关系，从而使得转换后的图像与真实图像无法进行区分。

在风格迁移算法中，GAN产生了许多较为成功的风格迁移模型。比如Isola提出的pix2pix与CycleGAN。

CycleGAN的全称是Cycle Generative Adversarial Network，即循环对抗生成网络。CycleGAN无须针对数据进行配对处理，就可以实现图像之间的相互转换，如图5-23所

示为斑马与马之间的转换。

CycleGAN方法提出了一种无须配对数据的学习方法，其网络结构图如图5-24所示。

CycleGAN有两个鉴别器和两个生成器，这种方法可以实现将真实马的图像转换成相同状态的斑马图像，或者将生成的假马图像转换成斑马图像，同时也能将斑马转换成马的图像，或将生成的假斑马图像转换成马的图像。

图5-23　CycleGAN图片转换

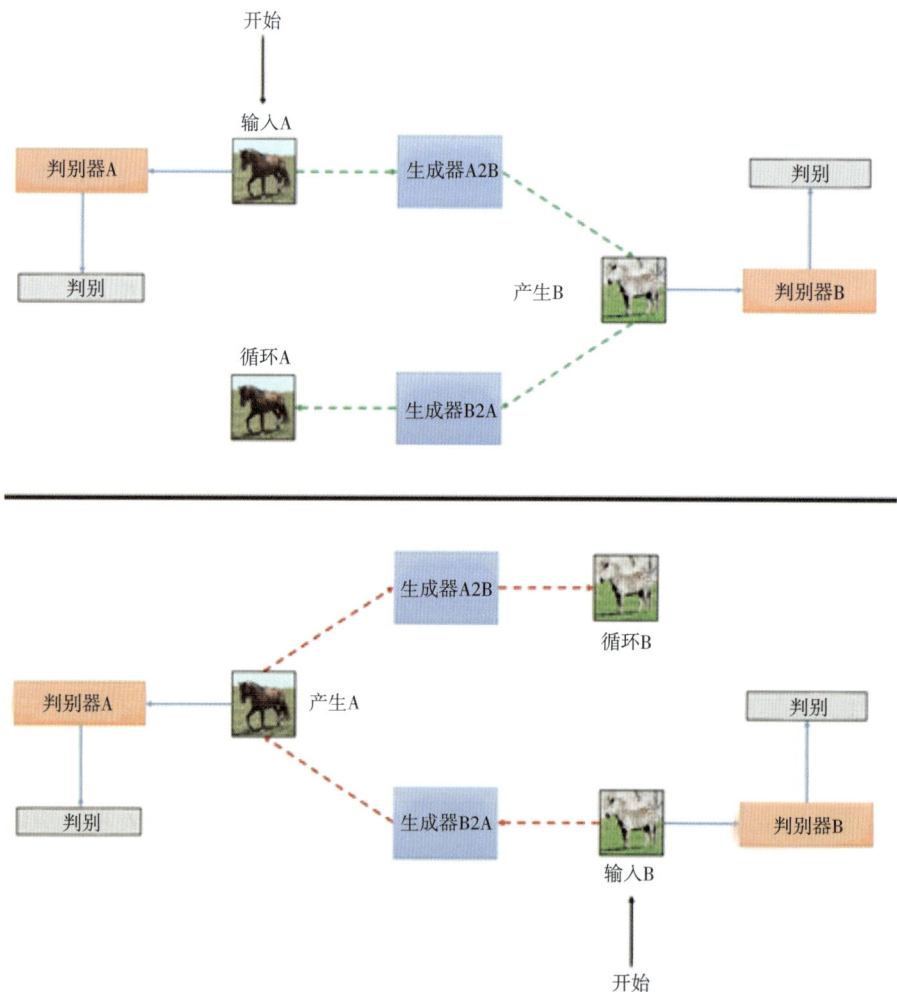

图5-24　CycleGAN网络结构

  CycleGAN的生成器由编码器、转换器和解码器三部分组成。首先，卷积网络从输入图像中提取特征。接着，转换器网络将这些类似的特征组合起来，确定如何将这些特征向量转换为不同的域。最后，解码器负责将转换后的特征解码为低级特征，它使用反卷积层来实现这一过程，最后转换为生成图像。判别器的主要作用是接收输入图像，然后对其进行判断，以区分它是原始图像还是生成器的输出图像。判别器结构如图5-25所示。

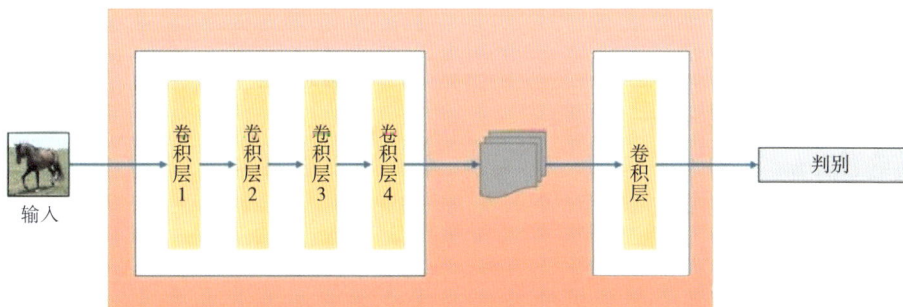

图5-25　CycleGAN判别器结构

二、实验

1. 实验平台搭建

  此次实验硬件设备为Intel Core i7-7800K CPU，操作系统为Win10专业版，内存大小为16G，显卡NVIDIA rtx 2080Ti，CUDA版本8.0，编程语义选择Python，实验主要基于开源深度框架PyTorch。

  本实验从自建的数据库中挑选400张苏绣图像作为风格图像，网络上400张作为内容图像，作为本次实验的数据集，其中部分如图5-26所示。在训练前首先将图像缩放至258×258像素。本实验初始学习率设置为2e-3，batch大小为2，epoch为200。将训练数据分为两组，每次训练时都从这两组数据集中随机选择一组数据，进行网络传播和优化。因此，每个epoch的迭代次数取决于训练数据集中最大的图片数据量。

（a）苏绣风格图像　　　　　　　　　（b）内容图像

图5-26　部分数据集展示

2. 实验过程与结果

为了便于与使用卷积神经网络迁移算法的合成图像进行对比，本次实验选取了若干张相同类型的内容图片来进行试验。将上述从网络上爬取到的图像数据集导入Cycle GAN 网络中，经过一段时间的训练最终可以获得合成效果图，如图5-27所示。如图5-27（a）所示为内容图像，图5-27（b）所示为Cycle GAN的合成图像。

实验结果如图所示，可以看出Cycle GAN的风格迁移效果不是很理想，虽然整体上都学习到了刺绣的纹理感，但是针迹没有呈现规律性，如图中的荷花花瓣能看出齐针的纹理，而抢针与套针针法难以表现出来。此外，对比基于卷积神经网络的风格迁移算法，Cycle GAN合成的图片出现了较为严重的失真情况，图像普遍出现了褪色，甚至变色的问题。

由于现今没有对计算机图像风格迁移算法形成公认的评价标准体系，且大部分都是主观评价，因此本次实验找到了50位刺绣爱好者，请他们对图5-27所示的合成效果图像进行主观的评价。这50位刺绣爱好者都是对苏绣有所接触的人，了解苏绣的风格特征，满分为10分，最后取50人的平均数，评价的结果见表5-3。

（a）内容图像

（b）风格图像

图5-27 Cycle GAN合成图像

表5-3 合成图像评分表2

苏绣	牡丹	荷花	鸟1	鸟2
Cycle GAN方法	6.8	7.2	6.9	7.2

注 取50人的平均数，结果保留一位小数。

3. 实验结果对比

本书分别基于改进后的卷积神经网络和生成式对抗网络对苏绣进行了风格迁移的实验，并对其进行分析和对比，主要分为客观评价和主观评价两方面。在客观评价上，本文采用了图像质量评估FID、SSIM[27]和PSNR[28]，评估结果见表5-4。Neural style指基于卷积神经网络的风格迁移方法，CycleGan指基于生成式对抗网络的风格迁移方法。

FID评估用于度量两组图像之间的相似度，基于计算机视觉特征的原理，计算真实图像和生成图像之间的特征向量距离，数值越小代表图像之间的相似度越高，说明生成图像的效果越好。图中Neural style生成的数值要小于Cycle GAN的数值，因此在FID评估指标上，Neural style的效果比Cycle GAN的效果更好。

SSIM是衡量结构相似性的指标，范围为[0,1]，数值越大时，图像之间的差异越小，图像的质量越好，图中Neural style的数值要高出Cycle GAN近两倍，因此可以判断用Neural style生成的图像质量是明显高于Cycle GAN方法的图像质量。

PSNR为峰值信噪比，指信号的最大功率和信号的噪声功率之比。PSNR的数值越低，代表生成图像质量更好，图中Neural style的数值要低于Cycle GAN，代表这种方法的生成效果更好。虽然PSNR是使用最广泛的评估画质的方法，然而，由于人眼视觉感知结果容易受到多种因素的影响，FID评估的数值并不能与人眼评价的视觉效果完全一致，一般在色度与亮度敏感度上存在差异。因此，PSNR对于图像的质量对比评估可能不完全准确。

表5-4　客观方法评价

算法	FID↓	SSIM↑	PSNR↓
Cycle GAN	247.03	0.42	11.825
Neural style	203.90	0.801	10.776

在主观评价上，本文采用了人工评价的方法，邀请了50位对刺绣有一定了解的人，对生成图像的效果进行了一个评分，评分结果见表5-2和表5-3，为了便于将两种方法进行对比，将两个表格进行了汇总，计算出两种方法的得分平均数，见表5-5。由最后的得分可以看出，50位参与实验的评价者认为改进后的VGG19的评价效果更好。

表5-5　主观评价得分表

作品	牡丹	荷花	鸟1	鸟2	得分统计（取四项的平均数）	作品
改进后的VGG19	8.2	7.6	7.3	7.7	7.7	改进后的VGG19
Cycle GAN	6.8	7.2	6.9	7.2	7.0	Cycle GAN

注　结果保留一位小数。

以上对两种实验方法的结果进行了客观和主观两方面的评价，无论是从客观上的数值，还是根据人工评价的结果，改进后的VGG19对于苏绣风格迁移的效果都更为乐观，在图像的整体质量上和苏绣的针法表现上都显得更为突出。不过，虽然本实验验证了改进后方法的有效性，但仍然存在不足的地方。首先是苏绣的针法表现得不明显，且存在针法单一的局限性；其次是基于VGG19的方法在训练时耗时长，每次迁移都要经过网络训练，因此速度慢，并不能做到实时迁移。

小结 ●●●

　　本章提出了针对传统刺绣风格，基于改进的卷积式神经网络的刺绣风格迁移方法。刺绣的针法、风格、题材纹样多种多样，与其他的艺术风格相比，刺绣主要通过绣针在织物上进行不停地穿刺运动，形成了不同的绣迹图案。针对这些独特的艺术形式特征，本部分根据第二章建立刺绣图像数据库和内容识别检索分类库，结合第三章和第四章的刺绣风格特征与针法工艺成功地将刺绣图像中的物种进行分类和识别；同时以第二章苏绣风格模板为例选取了大量的齐针、抢针、套针等花鸟图像，针对卷积式网络，在VGG19中加入HED边缘检测算法，得到较为优秀的边缘检测结果，生成了相对原方法来说效果更好的风格迁移效果；针对生成式网络，采用Cycle GAN网络进行苏绣风格迁移，并对两种方法的结果进行主观评价与客观评价。实验结果表明，基于改进的卷积式神经网络方法可以很好地在风格化图像中重现刺绣针法、风格纹理细节并有效减少人造痕迹，缩短真实刺绣的制作周期，为现代服饰与文创产品的制作增加艺术性和趣味性。

参考文献

[1] 唐稔为，刘启和，谭浩. 神经风格迁移模型综述 [J]. 计算机工程与应用，2021，57（19）：32-43.

[2] Jolicoeur-Martineau A. The relativistic discriminator：a key element missing from standard GAN [J]. arXiv preprint arXiv：1807. 00734, 2018.

[3] Eric J K，John C，Tinghuai W，et al. State of the "Art" A Taxonomy of Artistic Stylization Techniques for Images and Video IEEE transactions on visualization and computer graphics，2013，19（5）：866-885.

[4] 王涛，邓丽君. 一种实现流体风格（涡旋状）凡·高油画特效的方法 [J]. 信息通信，2014（7）：38-40.

[5] Guay M，Ronfard R，Gleicher M，et al. Space-time sketching of character animation [J].

ACM Transactions on Graphics, 2015, 34（4）: 1-50.

[6] Sheng K, Dong W, Kong Y, et al. Evaluating the Quality of Face Alignment without Ground Truth [J]. Computer Graphics Forum, 2015, 34（7）: 213-23.

[7] 钱文华, 徐丹, 官铮, 等. 粉笔画艺术风格模拟 [J]. 中国图像图形学报, 2017, 22（5）: 622-630.

[8] Efros A A, Leung T K. Texture Synthesis by Non-Parametric Sampling [C]. //The Institute of Electxical and Electronics Engineers. Proceedings of the Seventh IEEE International Conference on Computer Vision, Kerkyra, Greece, United States: IEEE Computer Society, 1999,（2）: 1033-1038.

[9] Ashikhmin M. Synthesizing natural textures [C]. //John F Hughes. Proceedings of the Proceedings of the 2001 Symposium on Interactive 3D Graphics. New york: Association for Compurer Machinery, 2001（3）: 217-226.

[10] 张海嵩, 尹小勤, 于金辉. 实时绘制3D中国画效果 [J]. 计算机辅助设计与图形学学报, 2004,（11）: 1485-1489.

[11] 钱小燕, 肖亮, 吴慧中. 快速风格迁移 [J]. 计算机工程, 2006, 32（21）: 15-7.

[12] Gatys A L, Ecker S A, Bethge M.A Neural Algorithm of Artistic Style [J]. CoRR, 2015, abs/1508. 06576.

[13] Ryusuke M, Tian cheng W, Sasaki T U. Simplification of the Gram Matrix Eigenvalue Problem for Quadrature Amplitude Modulation Signals [J]. Entropy, 2022, 24（4）.

[14] Johnson J, Alahi A, Fei-Fei L. Perceptual losses for real-time style transfer and super-resolution [C]. //Bastian Leibe, Jiri Matas, Nicu Sebe, Max Welling. European Conference on Computer Vision. IRAN: Springer Cham, 2016: 694-711.

[15] ULYANOV D, EDALDI A V, LEMPITSKY V. Improved texture networks: Maximizing quality and diversity in feedforward stylization and texture synthesis[C]//Proceedings of the IEEE Conference on Computer Vision and Pattern Recognition, 2018: 6924-6932.

[16] 刘建锋, 钟国韵. 基于神经网络的图像风格迁移研究综述 [J]. 电子技术应用, 2022, 48（6）: 14-18.

[17] Gatys L A, Ecker A S, Bethge M. Image style transfer using convolutional neural networks [C]. //The Institute of Electrical and Electronics Engineers. Proceedings of IEEE Conference on Computer Vision and Pattern Recognition. United States: IEEE Computer Society; 2016: 2414-2423.

[18] 高晟. 基于深度卷积神经网络的中国画山水风格迁移 [D]. 西安：陕西师范大学，2020.

[19] 王涛，高贤强. 一种多笔触各向异性凡·高风格油画的渲染方法 [J]. 计算技术与自动化，2017，36（2）：125-128.

[20] 冯培超，钱文华，徐丹，等. 苗绣艺术风格针迹模拟研究 [J]. 图学学报，2019，40（4）：802-809.

[21] 吴航，徐丹. 葫芦烙画的艺术风格迁移与模拟 [J]. 中国科技论文，2019，14（3）：278-284.

[22] 吴昊. 方向敏感的风格迁移技术研究 [D]. 南京：南京大学，2020.

[23] 祁新. 基于卷积神经网络的图像局部风格迁移算法 [D]. 沈阳：沈阳工业大学，2022.

[24] Gatys A L，Ecker S A，Bethge M. Texture synthesis and the controlled generation of natural stimuli using convolutional neural networks [J]. CoRR，2015，abs/1505. 07376.

[25] Isola P，Zhu J，Zhou T，et al. Image-to-Image Translation with Conditional Adversarial Networks [J]. CoRR,2016, abs/1611. 07004.

[26] 单陇红. 基于Sobel算子的金相图边缘提取新算法 [J]. 计算技术与自动化，2016，35（4）：81-84.

[27] 余波，吴静，周琦宾. 一种基于改进Canny算子的边缘检测算法 [J]. 制造业自动化，2022，44（8）：24-26.

[28] 李阳. 单张图像的深度信息重建研究 [D]. 北京：北方工业大学，2020.

[29] 张奥祥. 基于图像处理的搅拌车信息提取与识别 [D]. 淮南：安徽理工大学，2020.

结　语

本书分析中国传统刺绣的纹样和工艺特征，根据传统刺绣的绣种、绣法、工艺和刺绣内容对刺绣进行编码，搭建中国传统刺绣图像数据库。数据库具有图像自动分类和自动检测的功能，不仅为用户快速检索刺绣图像提供便利，更为刺绣艺术风格智能迁移的精准性打下良好基础。因此，本书尝试将传统艺术和现代科技相结合，利用人工智能技术对不同刺绣进行艺术风格迁移，让传统刺绣艺术"活"起来。在满足当代人对精美服饰追求的同时，又达到推动刺绣艺术和文化传承发展的目的。

通过本书的方法，将刺绣艺术智能迁移到现代设计中，智能提取刺绣特征元素，扩充现代纺织、服装设计元素库。利用人工智能技术模拟刺绣的艺术风格，生成与刺绣文物风格相一致的现代服装设计元素，对目前的设计元素得以有效补充，助力一批具有本土性、原创性服饰设计产品的崛起。